装配式建筑系列新形态教材

装配式建筑表现技法
——Photoshop CS6

蒋吉凯　主编

清华大学出版社

北京

内 容 简 介

本书详细讲解了 Adobe Photoshop CS6 的建筑表现方法和技巧，包括软件基础操作、彩色户型图和彩色总平面图的制作方法和相关技巧。全书共分为两大部分：第 1 部分为基础篇，介绍了 Photoshop CS6 的基础知识和基本工具的用法；第 2 部分为实战篇，以实际工程案例详细讲解了彩色户型图、彩色总平面图的制作方法和相关技巧。本书技术新颖、内容实用，所有案例均为建筑设计公司实际工程项目，涵盖别墅、小区、园林、公建等常见建筑类型，具有很强的可读性和参考价值。本书配套课堂讲解教学视频和大量的素材，读者可以通过扫描书中二维码获得相关资料。

本书可作为高等职业院校建筑设计相关专业的教材，也适合相关设计从业人员和图像爱好者阅读。

图书在版编目（CIP）数据

装配式建筑表现技法：Photoshop CS6 / 蒋吉凯主编 . —北京：清华大学出版社，2022.9
装配式建筑系列新形态教材
ISBN 978-7-302-61354-1

Ⅰ.① 装… Ⅱ.① 蒋… Ⅲ.① 装配式构件 – 建筑设计 – 计算机辅助设计 – 应用软件 – 教材 Ⅳ.① TU3-39

中国版本图书馆 CIP 数据核字（2022）第 124202 号

责任编辑：郭丽娜
封面设计：曹　来
责任校对：袁　芳
责任印制：曹婉颖

出版发行：清华大学出版社
　　　　网　　　址：http：//www.tup.com.cn，http：//www.wqbook.com
　　　　地　　　址：北京清华大学学研大厦 A 座　　　　　　邮　　编：100084
　　　　社 总 机：010-83470000　　　　　　　　　　　　邮　　购：010-62786544
　　　　投稿与读者服务：010-62776969，c-service@tup.tsinghua.edu.cn
　　　　质量反馈：010-62772015，zhiliang@tup.tsinghua.edu.cn
　　　　课件下载：http：//www.tup.com.cn，010-83470410
印 装 者：三河市龙大印装有限公司
经　　销：全国新华书店
开　　本：185mm×260mm　　　印　　张：6.25　　　字　　数：128 千字
版　　次：2022 年 11 月第 1 版　　　　　　　　　　印　　次：2022 年 11 月第 1 次印刷
定　　价：42.00 元

产品编号：098462-01

前　言

随着计算机技术的不断发展，建筑设计专业对方案表现的要求越来越高。Adobe 公司推出的图形图像处理软件 Photoshop CS6 不但功能强大，而且可操作性好，通过与计算机辅助设计软件 AutoCAD 和建筑三维建模软件 SketchUp 的紧密配合，可以制作出各种建筑图像，模拟真实场景进行效果表现，深受建筑设计师的喜爱。

本书内容由浅入深，通俗易懂。在选择案例时，我们不仅注重案例的实用性，也强调案例的针对性和趣味性。通过案例的学习，读者不仅能掌握 Photoshop 的理论知识和操作技巧，也能提高实际动手能力。本书与其他书籍相比，具有以下特点。

（1）技术专业，实例商业。本书中的案例全部为实际工作中的商业作品，处理和制作手法也完全为商业工作模式，具有技术实用、效果专业的特点。本书为读者提供了全面的商业设计范本，完全可以应用到实际工作中。

（2）步骤详细，通俗易懂。本书细致入微地介绍了各种建筑图像的表现技术，即使是 Photoshop 初学者，也可以一步步地制作出相应的效果，特别适合读者自学使用。

（3）资源丰富，视频指导。为了方便读者学习，本书就相关重要知识点配套了学习视频，读者可以直接扫描书中二维码学习。同时，本书还提供了大量后期处理素材，便于读者快速创建自己的素材库。

本书是江苏城乡建设职业学院工程造价省级高水平专业群建设立项教材（项目编号：ZJQT21002309）。本书由蒋吉凯主编，刘倩、蒋明娣参编，本书的案例由蒋明娣、邓磊、刘倩等多位指导老师提供。

由于编者水平有限，本书不足之处在所难免，敬请广大读者批评、指正。

编　者

2022 年 6 月

目　录

第1部分　基础篇

项目 1　Photoshop CS6 建筑表现基础　003

任务 1.1　熟悉图像的基础知识...003
任务 1.2　熟悉 Photoshop CS6 界面...009
任务 1.3　Photoshop 在建筑表现中的应用.................................016

项目 2　Photoshop CS6 常用工具和命令　021

任务 2.1　图像选择工具...021
任务 2.2　图像编辑工具...024
任务 2.3　图像选择和编辑命令...026
任务 2.4　图层运用..029

第2部分　实战篇

项目 3　彩色户型图制作　043

任务 3.1　从户型图中输出 EPS 文件...043
任务 3.2　室内框架的制作...053
任务 3.3　地面的制作..058

项目 4　彩色总平面图制作　070

任务 4.1　彩色总平面图的制作流程...070
任务 4.2　住宅小区总平面图制作...071

附录　Photoshop CS6 快捷键　084

参考文献　091

第1部分

基 础 篇

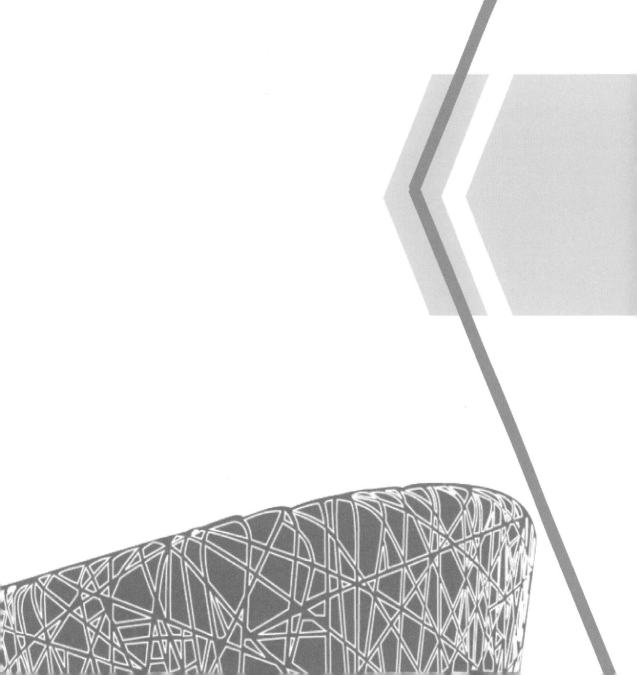

Photoshop CS6 建筑表现基础

项目 1

【学习目标】

知识目标	能力目标	课程思政元素
理解图像的基础知识	掌握图像不同格式的应用	培养学生具备一定的美学素养
熟悉 Photoshop CS6 操作界面	熟练操作 Photoshop CS6	培养学生踏实严谨、耐心专注的品质

【项目重点】

- 掌握像素与分辨率对图像质量的影响。
- 掌握根据不同情况选择正确的图像模式的技能。
- 掌握正确选用不同图像的格式类型的技能。
- 熟悉 Photoshop CS6 操作界面。
- 了解 Photoshop CS6 在建筑设计过程中的运用。

【项目分析】

作为专业的图像处理软件，Photoshop 一直是建筑表现的主力工具之一。本项目简要介绍了图像的基础知识、Photoshop CS6 的工作界面、常用文件格式，以及它在建筑表现中的应用，使读者对 Photoshop 有一个大概的了解。

任务实施

任务 1.1 熟悉图像的基础知识

1.1.1 像素与分辨率

像素在 Photoshop 中是一个十分重要的概念，它是位图图像里的最小组成单位，是一个不能再被划分的单位。像素是一块带有颜色、明暗、坐标等信息的正方形的颜色块，用以表示一幅位图图像。像素有大有小，它的大小决定图像的质量。单位面积内容纳的像素越多，单个像素越小，图像质量越高；反之，单位面积内容纳的像素越少，单个像素越大，图像质量越低。

图像的分辨率是指单位长度上像素的数量，通常以 ppi 表示，即 pixel/inch（像素/英寸）。

DPI（dot per inch）原来是印刷上的计量单位，意为每英寸上所能印刷的网点数。但随着数字输入 / 输出设备的快速发展，大多数人也将数字影像的解析度用 DPI 表示。用户根据实际需求可以在 Photoshop 中更改图像的分辨率。在数字化的图像中，分辨率的大小直接影响到图像的质量。分辨率越高图像就越清晰，文件也就越大。

　　图像打印时，高分辨率的图像比低分辨率的图像包含的像素多，因此像素点更小。由于高分辨率图像中的像素密度比低分辨率的图像高，所以高分辨率的图像可以重现更多细节和更细微的颜色过渡。无论打印尺寸多大，高品质的图像通常看起来效果都不错，如图 1-1 和图 1-2 所示。

图 1-1　高分辨率图像　　　　　　　　　　　图 1-2　低分辨率图像

　　一般图像用于显示或网络使用时，分辨率可设置为 72ppi，这样文件小，利于传输和显示。如果图像用于喷墨打印机打印，分辨率可设置为 100 ～ 150ppi；如果图像用于印刷，则分辨率应设置为 300ppi。建筑设计专业人员在利用 Photoshop 制作文本时，分辨率设置为 100 ～ 150ppi 就足够了，文件太大影响后期打印速度。

1.1.2　矢量图与位图

　　计算机中的图像按信息的表示方式可分为矢量图和位图两种。通常所讲的图形是指矢量图，图像指的是位图。

1. 矢量图

　　矢量图也叫向量图。矢量图是通过多个对象的组合生成的，记录了对象形状及颜色的算法。由于矢量图可通过公式计算获得，所以矢量图文件的体积一般较小。矢量图最大的优点是无论放大、缩小或旋转等都不会失真，与分辨率无关。一般我们将矢量图用于图形设计、文字设计和一些标志设计、版式设计等。

目前常用的矢量图软件有 Freehand、Illustrator、CorelDRAW 等。大家耳熟能详的 Flash MX 制作的动画也是矢量图动画。常用的矢量图文件格式有 .cdr、.wmf、.ico 等。

2. 位图

位图也叫点阵图，是由像素组成的。位图是由像素阵列的排列来实现其显示效果的，每个像素都有自己的颜色信息。在对位图进行编辑操作时，可操作的对象是每个像素。点阵图像中像素的颜色种类越多，图像文件就越大。

点阵图的文件格式很多，如 .bmp、.pcx、.gif、.jpg、.tif、.psd 等。

1.1.3 色相、饱和度、亮度与色调

色相、饱和度和亮度称为色彩的三要素，任何一种色彩都可以用这三个量来确定和表示。

色相是指纯色，是组成可见光谱的单色，即色彩的相貌。平常我们所说的赤、橙、黄、绿、青、蓝、紫都是色相的一种。图 1-3 所示为色相环。

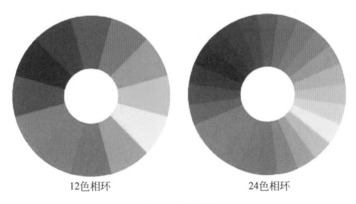

12色相环   24色相环

图 1-3 色相环

饱和度表示色彩的纯度，相当于彩色电视机的色彩浓度。当色彩饱和度高时色彩较艳丽，饱和度很低时接近灰色。白色、黑色和其他灰色色彩都没有饱和度。在最大饱和度时，每一色相具有最纯的色光。

亮度也称为明度，是指色彩的明暗程度，等同于彩色电视机的亮度。亮度高色彩明亮，亮度低色彩暗淡，亮度最高得到纯白，最低得到纯黑。

色调是指图像色彩外观的基本倾向，即图像画面色彩的基调。画面上的明度、纯度、色相这三个要素中，某种因素起主导作用，就称为某种色调。例如，一幅摄影作品虽然有多种颜色，但总体有一种倾向，是偏绿或偏红，是偏暖或偏冷等。这种颜色上的倾向就是一幅

摄影作品的色调。

1.1.4 图像的颜色模式

Photoshop 的颜色模式是基于颜色模型的。颜色模型即用数字描述颜色，颜色模型对于印刷中使用的图像非常有用。颜色模型是通过不同的方法用数字描述颜色的，它决定显示和打印图像时，使用哪种方法或哪组数字，即哪种颜色模型。Photoshop 可以支持多种颜色模式，如位图、灰度、双色调、RGB 颜色、CMYK 颜色等模式。执行 Photoshop 菜单栏中的"图像"→"模式"命令，在弹出的子菜单中可看到 Photoshop 所支持的颜色模式。下面简单介绍常用的颜色模式。

1. RGB 颜色模式

RGB 颜色模式是 Photoshop 常用的模式之一，也是默认的颜色模式。RGB 颜色模式使用 RGB 颜色模型，通过对红（R）、绿（G）、蓝（B）三个颜色通道的变化以及它们相互之间的叠加得到各式各样的颜色。RGB 代表红、绿、蓝三个通道的颜色，这个标准几乎包括了人类视力所能感知的所有颜色，是目前运用最广的颜色系统，是一种发光模式。

在 RGB 颜色模式下，对于彩色图像中的每个 RGB 分量，为每个像素指定一个 0（黑色）～ 255（白色）的强度值。例如，红色 R 值为 255、G 值为 0 和 B 值为 0；而亮红色 R 值为 246、G 值为 20 和 B 值为 50。当 R、G、B 三种成分值相等时，产生中性灰色；当 R、G、B 值均为 255 时，结果是纯白色；当 R、G、B 值均为 0 时，结果是纯黑色。

2. 灰度模式

灰度模式也是一种标准的颜色模型，该模式使用多达 256 级灰度来表现图像颜色。灰度图像中的每个像素都有一个 0（黑色）～ 255（白色）的亮度值。灰度值也可以用黑色油墨覆盖的百分比来度量（0 等于白色，100% 等于黑色）。

灰度模式可用于表现高品质的黑白图像。大家平时都习惯把灰度的照片称为"黑白照片"，"黑白照片"这个名词的说法是不准确的。"黑白"其实是位图模式（不是黑就是白，没有阶调），使用黑白或灰度扫描仪生成的图像通常以"灰度"模式显示。在 Photoshop 中任何彩色模式下的各颜色信息通道、Alpha 通道以及专色通道等，分离开后都是灰度的。在灰度模式状态下，因为没有额外颜色信息的影响和干扰，其色调校正是最直观的，并且是唯一能转换位图和双色调模式的色彩模式。

3. 位图模式

位图模式下只用黑色或白色表示图像中的像素。位图模式下的图像是真正的黑白图像，图像中的像素要么是黑色，要么是白色，图像颜色深度为 1。因位图模式包含的颜色信息最少，因而相应的图像占用磁盘空间也最小。

4. CMYK 颜色模式

CMYK 颜色模式广泛用于印刷行业，在制作要用印刷色打印的图像时，应使用 CMYK

模式。C 代表青色，M 代表洋红色，Y 代表黄色，K 代表黑色。在实际应用中，青色、洋红色和黄色很难叠加形成真正的黑色，最多是褐色，因此引入了黑色。黑色的作用是强化暗调，加深暗部色彩。该模式是当白光照到物体上，经过物体吸收一部分颜色后，反射而产生色彩，因此称为减色模式。

Photoshop 的 CMYK 模式为每个像素的每种印刷油墨指定一个百分比值。为较亮（高光）颜色指定的印刷油墨颜色百分比较低，而为较暗（暗调）颜色指定的百分比较高。例如，亮红色可能包含 2% 青色、93% 洋红、90% 黄色和 0 黑色。在 CMYK 图像中，当四种分量的值均为 0 时，就会产生纯白色。

5. 索引颜色模式

索引颜色模式是网络上和动画中常用的图像模式，当彩色图像转换为索引颜色的图像后包含近 256 种颜色。索引颜色图像包含一个颜色表。如果原图像中颜色不能用 256 色表现，则 Photoshop 从可使用的颜色中选出最相近颜色来模拟这些颜色，这样可以减小图像文件的尺寸。同时 Photoshop 会构建一个索引颜色表用来存放图像中的颜色并为这些颜色建立颜色索引，颜色表可在转换的过程中定义或在生成索引图像后修改。

6. Lab 颜色模式

Lab 颜色模式由三个通道组成，但不是 R、G、B 通道。它的一个通道是明度，即 L。另外两个是色彩通道，用 A 和 B 来表示。A 通道包括的颜色是从深绿色（低亮度值）到灰色（中亮度值）再到亮粉红色（高亮度值）；B 通道则是从深蓝色（低亮度值）到灰色（中亮度值）再到黄色（高亮度值）。因此，这种色彩混合后将产生明亮的色彩。

1.1.5　图像文件的格式

在 Photoshop 中进行建筑图像合成时，需要导入各种文件格式的图片素材。因此，熟悉一些常用图像格式特点及其适用范围，就显得尤为必要。

1. PSD 格式

PSD 文件格式是 Photoshop 软件生成的图像文件格式，是 Photoshop 图像处理软件专用的图像文件格式，文件扩展名为 .psd 或 .pdd。

PSD 文件能够自定义颜色数并加以存储，可以存储成 RGB 或 CMYK 模式，能保存 Photoshop 的图层、通道、路径、蒙版，以及图层样式、文字层、调整层等额外信息，可方便以后对文件再做修改。PSD 文件格式是目前唯一能够支持全部图像色彩模式的格式。因 PSD 文件采用无损压缩，所以文件体积相对较大，特别是当图层较多时，比较耗费存储空间。PSD 文件在大多数平面软件内部可以通用，如 Corel Photo-Pain 等，但由于 PSD 文件体积庞大，所以浏览器类的软件不支持它。

2. BMP 格式

BMP 是 Windows 平台标准的位图格式，使用非常广泛，一般的软件都提供了非常好的支持。BMP 格式支持 RGB、索引颜色、灰度和位图颜色模式，但不支持 Alpha 通道。

3. GIF 格式

GIF 格式也是一种非常通用的图像格式。由于它最多只能保存 256 种颜色，所以 GIF 格式保存的文件非常小，不会占用太多的磁盘空间，非常适合网络上的图片传输。 除此之外，GIF 格式还可以保存动画。

4. JPEG 图像格式

JPEG 是一种高压缩比、有损压缩的真彩色图像文件格式。其最大特点是文件比较小，可以进行高倍率的压缩，因而在注重文件大小的领域应用广泛，如网络上的绝大部分要求高颜色深度的图像使用的是 JPEG 格式。JPEG 格式是压缩率最高的图像格式。由于 JPEG 格式在压缩保存的过程中会以失真最小的方式丢掉一些肉眼不易察觉的数据，因此保存后的图像与原图会有所差别，没有原图像的质量好，不宜在印刷、出版等高要求的场合下使用。

5. PDF 格式

Adobe PDF 是 Adobe 公司开发的一种跨平台的通用文件格式，能够保存任何源文档的字体、格式、颜色和图形，且不管创建该文档所使用的应用程序和平台是什么，Adobe Illustrator、Adobe PageMaker 和 Adobe Photoshop 程序都可直接将文件存储为 PDF 格式。Adobe PDF 文件为压缩文件，任何人都可以通过免费的 Acrobat Reader 程序进行共享、查看、导航和打印。

PDF 格式除支持 RGB、Lab、CMYK、索引颜色、灰度和位图颜色模式外，还支持通道、图层等数据信息。

Photoshop 可直接打开 PDF 格式的文件，并可将其进行光栅处理，变成像素信息。对于多页 PDF 文件，可在打开 PDF 文件对话框中设定打开的是第几页文件。PDF 文件被 Photoshop 打开后便成为一个图像文件，可将其存储为 PSD 格式。

6. PNG 图像格式

PNG 格式是为适应网络传输而开发的图像文件格式，其目的是替代 GIF 和 TIFF 文件格式。该文件格式增加了一些 GIF 文件格式所不具备的特性，存储灰度图像时的深度可多到 16 位，存储彩色图像时的深度可多到 48 位。

7. Photoshop EPS 格式

EPS 是 Encapsulated PostScript 首字母的缩写，它是一种通用的行业标准格式，可同时包含像素信息和矢量信息。除了多通道模式的图像之外，其他模式都可存储为 EPS 格式，但是它不支持 Alpha 通道。EPS 格式可以支持剪贴路径,在排版软件中可以产生镂空或蒙版效果。

8. TGA 图像格式

TGA 格式是一种通用性很强的真彩色图像文件格式，有 16 位、24 位、32 位等多种颜色深度可供选择。它可以带有 8 位的 Alpha 通道，并且可以进行无损压缩处理。

9. TIFF 图像格式

TIFF 格式是印刷行业标准的图像格式，通用性很强，几乎所有的图像处理软件和排版软件都对其提供了很好的支持，因此广泛用于计算机程序之间和计算机平台之间进行图像数据交换。

TIFF 格式支持 RGB、CMYK、Lab、索引颜色、位图和灰度颜色模式，并且它在 RGB、CMYK 和灰度三种颜色模式中还支持使用通道、图层和路径，可以将图像中裁切路径以外的部分在置入排版软件（如 PageMaker）中时变为透明。

任务 *1.2*　熟悉 Photoshop CS6 界面

熟悉一个软件的工作环境是开始学习这款软件的必要步骤，这对于后期能否顺利地进行软件应用，具有极其重要的作用。本任务将对 Photoshop CS6 的工作环境进行详细而深入的讲解。

1.2.1　启动 Photoshop CS6

启动 Adobe Photoshop CS6 常用的方法有两种。

方法一：单击桌面任务栏的开始菜单，依次选择"程序"→ Adobe Photoshop CS6 → Adobe Photoshop CS6 命令。

方法二：双击桌面上的 Adobe Photoshop CS6 快捷方式图标。

1.2.2　Photoshop CS6 工作界面

运行 Photoshop CS6 软件，依次选择"文件"→"打开"命令，打开一张图片后，就可以看到类似于如图 1-4 所示的工作界面。

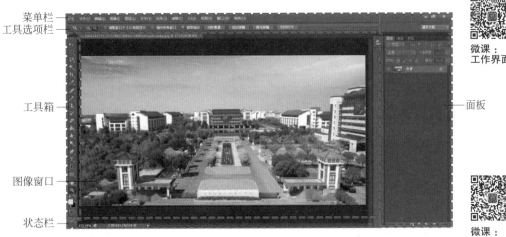

图 1-4　Photoshop CS6 工作界面

从图 1-4 中可以看出，Photoshop CS6 工作界面由菜单栏、工具箱、工具选项栏、面板、状态栏和图像窗口几个部分组成。下面简单讲解界面的各个构成要素及其功能。

1. 菜单栏

Photoshop CS6 的菜单栏包含了"文件""编辑""图像""图层""选择""滤镜""分析""3D""视图""窗口"和"帮助"共 11 个菜单，通过运用这些菜单命令，可以完成 Photoshop 中的大部分操作。

2. 工具箱

工具箱位于工作界面的左侧，是 Photoshop CS6 工作界面重要的组成部分，工具箱中共有上百个工具可供选择，使用这些工具可以完成绘制、编辑、观察、测量等操作。

3. 工具选项栏

每当在工具箱中选择了一个工具后，工具选项栏就会显示出相应的工具选项，以便对当前所选工具的参数进行设置。工具选项栏显示的内容随选取工具的不同而不同。

工具选项栏是工具箱中各个工具功能的延伸与扩展，通过适当设置工具选项栏中的选项，不仅可以有效增加工具在使用中的灵活性，而且能够提高工作效率。

4. 面板

面板是 Photoshop 的特色界面之一，共有 21 块之多，默认位于工作界面的右侧。它们可以自由地拆分、组合和移动。通过面板，可以对 Photoshop 图像的图层、通道、路径、历史记录、动作等进行操作和控制。

5. 状态栏

状态栏位于界面的底部，用于显示用户鼠标指针的位置以及与用户所选择的元素有关的提示信息，如当前文件的显示比例、文件大小等内容。

6. 图像窗口

图像窗口是 Photoshop 显示、绘制和编辑图像的主要操作区域。它是一个标准的 Windows 窗口，可以对其进行移动、调整大小、最大化、最小化和关闭等操作。图像窗口的标题栏除了显示当前图像文档的名称外，还显示图像的显示比例、色彩模式等信息。

1.2.3 了解菜单栏

菜单栏包含了 Photoshop 的主要功能。如使用某个菜单命令，可单击相应菜单，在弹出的下拉菜单中选择要使用的命令即可。

1. 菜单命令的不同状态

了解菜单命令的状态，对于正确地使用 Photoshop 是非常重要的，因为不同的命令在不同的状态，其应用方法不尽相同。

（1）子菜单命令。在 Photoshop 中，某些命令从属于一个大的菜单项，且本身又具有多种变化或操作方式。为了使菜单组织更加有效，Photoshop 使用了子菜单模式，如图 1-5 所示。

此类菜单命令的共同点是在其右侧有一个黑色的小三角形。

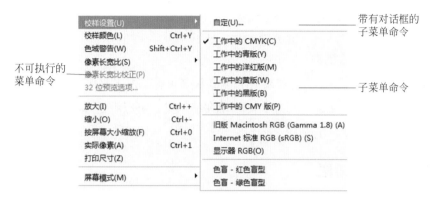

图 1-5　具有子菜单的菜单

（2）不可执行的菜单命令。许多菜单命令有一定的运行条件，当命令不能执行时，菜单命令为灰色，如图 1-5 所示。如对 CMYK 模式的图像而言，许多滤镜命令不能执行，因此要执行这些命令，读者必须清楚这些命令的运行条件。

（3）带有对话框的菜单命令。在 Photoshop 中，多数菜单命令被执行后都会弹出对话框，只有通过正确地设置这些对话框，才可以得到需要的效果，此类菜单命令的共同点是其名称后带有省略号，如图 1-5 所示。

2. 按工作类型显示菜单

右击工具选项栏的"基本功能"按钮，在弹出的列表框中选择"CS6 新增功能"选项，这样具备新功能的菜单会突出显示，如图 1-5 所示，其中有蓝底显示的是具有新增功能的菜单命令。其中还有"绘图""校样""排版"等多个工作类型，此功能专门适用于不同的设计者，使其能够更快捷、方便地选择最常用的菜单命令。

1.2.4　了解工具箱

工具箱是 Photoshop 处理图像的重要工具集合，包括选择、绘图、编辑、文字等 40 多种工具。随着 Photoshop 版本的不断升级，工具的种类与数量在不断增加，同时更加人性化，使操作更加方便、快捷。

1. 查看工具

要使用某种工具，直接单击工具箱中该工具图标，将其激活即可。通过工具图标，可以快速识别工具种类，如油漆桶工具图标 是桶的形状。

Photoshop 具有自动提示功能，当不知道某个工具的含义和作用时，将光标放置于该工具图标上 2 秒左右，屏幕上即会出现该工具名称及操作快捷键的提示信息，如图 1-6 所示。

图 1-6　工具提示

2. 显示隐藏的工具

工具箱中的许多工具并没有直接显示出来，而是以成组的形式隐藏在右下角带小三角形的工具按钮中。按此类按钮保持1秒左右，即可显示该组所有工具。

3. 切换工具箱的显示状态

Photoshop CS6 工具箱有单列和双列两种显示模式。单击工具箱顶端的区域，可以在单列和双列两种显示模式之间切换。使用单列显示模式可以有效节省屏幕空间，使图像的显示区域更大，以方便用户的操作。

1.2.5 了解工具选项栏

工具选项栏用来设置工具的选项，选择不同的工具时，工具选项栏中的选项内容也会随之改变，图1-7所示为选择魔棒工具时选项栏显示的内容，图1-8所示为选择图章工具时选项栏显示的内容。

图1-7 魔棒工具选项栏

图1-8 图章工具选项栏

1. 显示 / 隐藏工具选项栏

执行"窗口"→"选项"命令，可以显示或隐藏工具选项栏。

2. 移动工具选项栏

单击并拖动工具选项栏最左侧的图标，可以移动它的位置。

1.2.6 了解面板

面板是用于显示信息、进行工具和图像参数设置的一种特殊窗口。面板一般显示在Photoshop操作界面的右边，浮动在窗口的上方。在系统默认状态下，面板都是以面板组的形式出现，用户根据需要可以组合、拆分、关闭或打开面板，也可移动其位置和调整大小。每个面板的右上角都有一个"▶▶"按钮，单击该按钮显示该面板菜单。常用的面板有"图层""路径""历史记录""颜色"和"导航器"等20多种。

1. 常用面板介绍

（1）"图层"面板。"图层"面板列出了当前图像中的所有图层、图层组和图层效果。利用"图层"面板上的按钮可完成创建、隐藏、显示、拷贝和删除图层等操作；可以访问"图层"面板菜单和"图层"菜单上的其他命令和选项；单击面板右上角的三角形可以访问处理图层的命令。"图层"面板如图1-9所示。

（2）"路径"面板。"路径"面板主要显示当前图像中路径的信息，利用它可以进行新建路径、选择路径、删除路径和编辑路径、将路径转换为选区等操作。"路径"面板如图 1-10 所示。

图 1-9　"图层"面板　　　　　　　　　图 1-10　"路径"面板

（3）"历史记录"面板。"历史记录"面板可以记录用户最近的操作步骤，利用它可以恢复到图像之前的状态，还可以根据一个状态或快照创建文档。"历史记录"面板如图 1-11 所示。

（4）"颜色"面板。"颜色"面板显示当前前景色和背景色的颜色值。利用"颜色"面板中的滑块，可以根据几种不同的颜色模型编辑前景和背景，也可以从显示在面板底部的四色曲线图的色谱中选取前景色或背景色。"颜色"面板如图 1-12 所示。

图 1-11　"历史记录"面板　　　　　　　图 1-12　"颜色"面板

（5）"导航器"面板。利用"导航器"面板可以快速更改图像的大小，当图像无法在整个画布看到时，可在导航器面板中看到其他区域。在"导航器"面板中，可拖曳滑块或改变文本框中的数据，以调整图像显示大小。当画布窗口无法看到整个图像时，拖曳"导航器"面板中的红色正方形，可调整图像的显示区域。"导航器"面板如图 1-13 所示。

2. 显示或隐藏面板

选择"窗口"菜单中相应的面板命令，可以控制面板的显示与隐藏。在"窗口"菜单中，如果命令前标有"√"号，说明该面板当前处于显示状态；反之，则说明该面板处于隐藏状态。

单击面板右上角的 ▇▇ 按钮，打开面板菜单，如图 1-14 所示，选择"关闭"命令，即关闭当前面板；选择"关闭选项卡组"命令，即关闭面板所在组所有面板。

图 1-13 "导航器"面板

图 1-14 打开面板菜单

3. 移动面板组（或面板）

将鼠标指针指向面板组（或面板）的标题栏上，然后拖曳面板组（或面板），即可移动相应的面板组（或面板）。

4. 调整面板的大小

将鼠标指针指向面板的边框上，当鼠标指针变成双箭头形状时，拖曳鼠标可调整面板的大小。

5. 分离面板

将鼠标指针指向要分离的面板标签上（即面板名字上），按住鼠标左键，拖曳面板至面板组之外，释放鼠标，即可将其从面板组中分离出来。

6. 合并面板

将鼠标指针指向面板标签上，按住鼠标左键，拖曳面板至面板组（或另一面板）中，当面板组的框线变粗、变亮蓝色，这时释放鼠标，即可将面板合并到面板组中。

7. 面板的折叠与展开

双击面板组的标题栏，可使面板在折叠与展开状态之间切换，也可单击面板组右上角的双箭头 ▇▇ 按钮，面板组折叠为图标，如图 1-15 所示；单击面板图标上的 ▇▇ 按钮，则重新展开面板，也可单击面板组的图标，重新展开面板。

8. 将面板恢复到默认状态

如果调整了面板的大小、位置等后，选择"窗口"→"工作区"→"复位基本功能"命令，可将面板复位到系统默认的状态。

图 1-15 面板组折叠为图标

1.2.7　了解状态栏

状态栏位于图像窗口的底部，它可以显示图像的视图比例、文档的大小、当前使用的工具等信息。单击状态栏中的 ▶ 按钮，可以打开如图 1-16 所示的菜单，在菜单中可以选择状态栏中显示的内容。

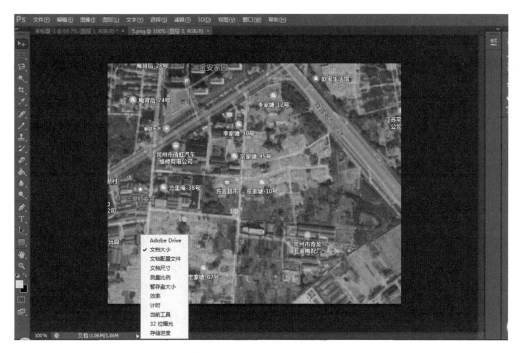

图 1-16　状态栏快捷菜单

状态栏快捷菜单中部分选项含义如下。

- 文档大小：显示图像中数据量的信息。选择该选项后，状态栏中会出现两组数字，左边的数字表示拼合图层并存储文件后的大小，右边的数字表示没有拼合图层和通道的近似大小。

- 文档配置文件：显示图像所使用的颜色配置文件的名称。

- 文档尺寸：显示图像的尺寸。

- 测量比例：显示文档的比例。

- 暂存盘大小：显示系统内存和 Photoshop 暂存盘的信息。选择该选项后，状态栏中会出现两组数字，左边的数字表示为当前正在处理的图像分配的内存量，右边的数字表示可以使用的全部内存量。如果左边的数字大于右边的数字，Photoshop 将启用暂存盘作为虚拟内存。

- 效率：显示执行操作实际花费时间的百分比。当效率为 100% 时，表示当前处理的图像在内存中生成，如果该值低于 100%，则表示 Photoshop 正在使用暂存盘，操作速度也会变慢。

- 计时：显示完成上一次操作所用的时间。
- 当前工具：显示当前使用的工具名称。
- 32 位曝光：用于调整预览图像，以便在计算机显示器上查看 32 位 / 通道高动态范围（high-dynamic range，HDR）图像的选项，当只有文档窗口显示 HDR 图像时，该选项才可以使用。

任务 *1.3* Photoshop 在建筑表现中的应用

Photoshop 在建筑效果图表现中的应用大致可以分为以下四个方面：彩色户型图制作、彩色总平面图制作、建筑立面图制作和建筑透视效果图制作。本书后续将详细介绍彩色户型图制作和彩色总平面图制作。

1.3.1 彩色户型图

由于近些年房地产业发展迅速，新的居住方式与新的户型层出不穷，这一切都需要通过户型图来向人们展示。图 1-17 所示为 AutoCAD 绘制的户型图，它不但表现出了整套户型的结构，还标示了各房间的功能和家具的摆放位置。但缺点是过于抽象，不够直观。

图 1-18 为在图 1-17 的基础上使用 Photoshop 进行加工处理的结果，不同功能的房间使用不同的图案进行填充，并添加了许多具有三维效果的家具模块，如床、沙发、椅子、盆景、桌子、计算机等。由于它是形象、生动的彩色图像，因而整个图像效果逼真，极具视觉冲击力。

图 1-17 AutoCAD 绘制的户型图

图 1-18 Photoshop 制作的彩色户型图

1.3.2 彩色总平面图

所谓总平面图，是指将新建工程四周一定范围内的新建、拟建、原有和拆除的建筑物、构筑物连同其周围的地形、地物状况用水平投影方法和相应的图例所画出的图样，图 1-19 所示为 AutoCAD 绘制的某小区的总平面图。

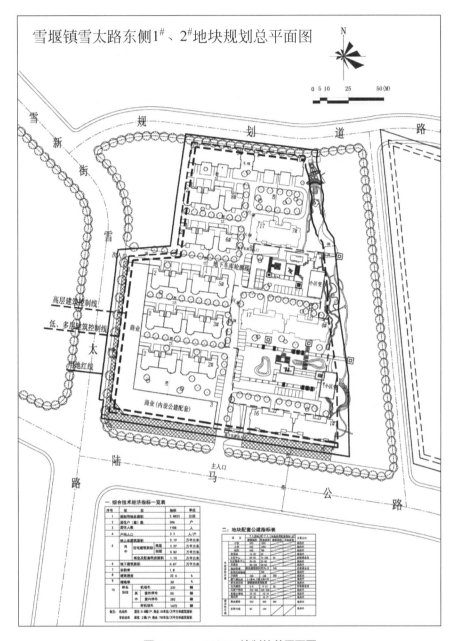

图 1-19 AutoCAD 绘制的总平面图

总平面图一般使用 AutoCAD 进行绘制，由于使用了大量的建筑专业图例符号，非建筑专业人员一般很难看懂。而如果在 Photoshop 中进行填色，添加树、水等图形模块，使深奥、晦涩的总平面图变成生动形象、浅显易懂的彩色图像，则可以极大地方便设计师和客户之间的交流。使用 Photoshop 制作的彩色总平面图，如图 1-20 所示。

图 1-20 Photoshop 制作的彩色总平面图

这样在整个工程开工之前，即使毫无建筑理论知识的购房者，也可以了解整个住宅小区的概貌和规划，并从中挑选自己中意的住宅位置和户型。

1.3.3 建筑立面图

与总平面图不同，建筑立面图主要用于表现一幢或某几幢建筑的正面、背面或侧面的建筑结构和效果。传统的建筑立面图都是以单一的颜色填充为主要手段，现在的建筑设计师们已经不再满足那种简单生硬的表达方式了。

与制作总平面图类似，制作建筑立面图首先在 AutoCAD 中绘制出立面线框图，然后打印输出得到如图 1-21 所示的二维图像，接着使用 Photoshop 填充颜色、砖墙图案并制作投影，最后添加人物、树、天空、草地、汽车等各类配景，最终效果如图 1-22 所示。

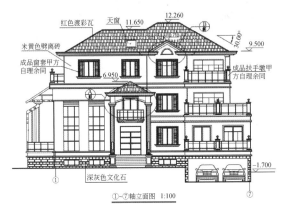

图 1-21　AutoCAD 绘制的建筑立面图

图 1-22　Photoshop 制作的彩色建筑立面图

Photoshop 制作的建筑立面图可以生动、形象地表现建筑的立面效果，其特点是制作快速、效果逼真，而不必像建筑透视效果图一样必须经过 3ds Max 建模、材质编辑、设置灯光、渲染输出等一系列烦琐的操作步骤和过程。

1.3.4　建筑透视效果图

建筑透视效果图也称为计算机建筑效果图，这是当前最常用的建筑表现方式。建筑透视效果图分为两种：一种是表现建筑外观的室外效果图，如图 1-23 所示；另一种是表现室内装饰装潢效果的室内效果图，如图 1-24 所示。制作建筑透视效果图时，需要 AutoCAD + 3ds Max + Photoshop 几个软件的配合使用。AutoCAD 精于二维绘图，对二维图形的创建、修改、编辑较 3ds Max 更为简单直接。3ds Max 是近年来出现在计算机平台上最优秀的三维动画制作软件，具有强大的三维建模、材质编辑和动画制作功能，在创建所需的建筑模型后，可以渲染得到任意角度的建筑透视效果图。因而可以使用 AutoCAD 创建精确的二维图形，再输入 3ds Max 中进行编辑修改，从而快速、准确地创建三维模型。Photoshop 主要负责建筑效果图的后期处理。众所周知，任何一幢建筑都不是孤立存在的，但在处理环境氛围与配景时 3ds Max 就显得有些力不从心，而这恰恰是 Photoshop 等平面处理软件的强项。对建筑图像进行颜色和色调上的调整，加入天空、植物、人物等配景，最终得到一幅生动逼真的建筑效果图。

图 1-23　室外效果图

图 1-24　室内效果图

思 考 与 练 习

1. 什么是色彩的三要素？什么是色相？什么是亮度？什么是饱和度？

2. 常见的图像的颜色模式有哪些？各有什么特点？

3. 什么矢量图？什么是点阵图？各有什么特点？

4. 常见的图像文件格式有哪些？它们各有什么特点？

项目 2　Photoshop CS6 常用工具和命令

【学习目标】

知 识 目 标	能 力 目 标	课 程 思 政 元 素
掌握 Photoshop CS6 常用工具	掌握 Photoshop CS6 常用工具和命令的使用方法	培养学生的法律法规意识
掌握 Photoshop CS6 常用命令	能运用 Photoshop CS6 常用工具和命令进行简单的图片处理	培养学生博览广阅、勤于思考、开拓创新的专业探索精神

【项目重点】

- 掌握常用工具的使用方法。
- 掌握图层的运用。
- 掌握曲线命令的运用。

【项目分析】

在使用 Photoshop CS6 进行建筑表现的过程中，会使用各种各样的工具，如选择工具、画笔工具、填充工具、文字工具、图像修复工具等，接近 80 余种。还要结合很多常用命令，如调整命令组中的"色阶""曲线""色彩平衡""色相/饱和度"等命令。本项目将向读者重点介绍 Photoshop CS6 在建筑表现中常用的工具和命令的使用方法和应用技术。

任务实施

任务 2.1　图像选择工具

微课：
常用工具
和命令

在制作建筑效果图时，需要添加各式各样的配景。尽管现在市面上专业的配景素材图库很多，但仍然远远不能满足我们的需求。这就要求我们具备就地取材的本领，找到某张含有所需配景的图片后，能够将其从原始图片中"挖"出，去掉不需要的部分，留下有用的人物或花草树木配景，以便与建筑图像进行合成。从图片中"挖"配景的过程，实际也就是建立选区的过程，这就会使用到 Photoshop CS6 的各式各样的选择工具，读者应能灵活选用最简便、快捷的工具方法进行对象的选取。

2.1.1　选择工具分类

Photoshop CS6 建立选区的方法非常丰富和灵活，读者可根据选区的形状和特点来选择相应的工具。根据各种选择工具的选择原理，选择工具大致可分为以下三类。

- 圈地式选择工具。
- 颜色选择工具。
- 路径选择工具。

如图 2-1 所示的建筑结构简单、轮廓清晰，其边界是由多条直线组成的多边形，因此适合使用圈地式选择工具进行选取。而如图 2-2 所示的树木图像边缘复杂且不规则，但天空背景颜色单一，因此适合使用颜色选择工具进行选择。如图 2-3 所示的汽车图像背景颜色复杂，但边缘由圆滑的曲线组成，比较适合使用路径工具进行选取。

图 2-1　多边形建筑　　　　图 2-2　单色背景树木　　　　图 2-3　圆滑边界汽车

2.1.2　圈地式选择工具

所谓圈地式选择工具，是指直接勾勒出选择范围的工具，这也是 Photoshop CS6 创建选区最基本的方法，这类选择工具包括选框工具和套索工具，如图 2-4 和图 2-5 所示。

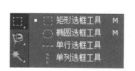 

图 2-4　选框工具　　　　　　　图 2-5　套索工具

1. 选框工具

选框工具只能创建形状规则的选区，如图 2-6 所示，适用于选择矩形、圆形等对象或区域，而效果图配景形状规则较少，所以选框工具应用并不是很广泛。

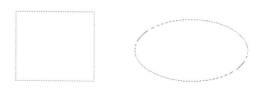

图 2-6　使用选框工具建立的选区

选框工具的使用方法较为简单，首先在工具箱中单击选择所需的工具，然后移动光标至图像窗口相应位置，单击拖动鼠标即可。选区建立之后，选区的边界就会出现不断闪烁的虚线，以便用户区分选中的区域与未选中的区域。该虚线如同行进中的蚂蚁，所以又称"蚂蚁线"。

2. 套索工具

套索工具有三种：套索工具、多边形套索工具和磁性套索工具。

（1）套索工具：通过鼠标拖动来创建选区，当鼠标指针回到起点位置时松开鼠标，鼠标移动轨迹所围绕的区域即为选区，如图2-7所示。从图中可以看出，套索工具建立的选区非常不规则，同时也不易控制，随意性非常大，因而只能用于对选区边缘没有严格要求情况下配景的选择。

（2）多边形套索工具：使用多边形圈地的方式来选择对象，可以轻松控制鼠标。由于它所拖出的轮廓都是直线，因而常用来选择边界较为复杂的多边形对象或区域，如图2-8所示。多边形套索工具与套索工具的使用方法不同，它通过单击指定顶点的方式来建立多边形选区，因而常用来选取不规则形状的多边形，如梯形和五角星形等。在实际工作中，多边形套索工具应用较广。

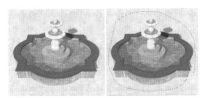

图2-7　套索工具实例

图2-8　多边形套索工具实例

（3）磁性套索工具：特别适用于快速选择边缘与背景对比强烈的图，使用时可以在图像中大致沿边界拖曳鼠标，能够根据设定的"对比度"值和"频率"值来精确定位选择区域，当遇到其不能识别的轮廓时，只需单击进行选择即可。

2.1.3　颜色选择工具

颜色选择工具根据颜色的反差来选择具体的对象。当选择对象的颜色或选择对象的背景颜色比较单一时，使用颜色选择工具会比较方便。

Photoshop CS6 拥有两种颜色选择工具：一种是魔棒工具；另一种是快速选择工具。

1. 魔棒工具

魔棒工具是依据图像颜色进行选择的工具，它能够选取图像中颜色相同或相近的区域，选取时只需在颜色相近区域单击即可，其选项栏如图2-9所示。

图2-9　"魔棒工具"选项栏

可通过设定魔棒工具选项栏上的容差来控制选取颜色的误差范围。

- 容差：容差越大，选择区域越广。容差的数值范围为 0 ～ 255。
- 连续：勾选此项，只选择图像中与单击点连续的颜色区域。不勾选此项，则选择图像 中与单击颜色相近的所有区域。
- 对所有图层取样：选择此项，选择与单击颜色相似的所有图层中的区域；否则，魔棒工具将只从现有图层中选择与单击颜色相似的区域。

2. 快速选择工具

快速选择工具类似于笔刷，能够调整圆形笔尖大小来绘制选区，是一种基于色彩差别且能用画笔智能查找主体边缘的快速选择对象的工具。此工具适合选择连续成片且主体边缘相对清晰的对象。

该工具使用方法简单，在对象上单击并拖动鼠标即快速绘制选区，拖动时选区会向外扩展并自动查找和跟随图像中定义的边缘。没有选区时，默认的选区运算方式是新建；选区建立后，选区运算方式自动改为添加到选区；如果按住 Alt 键，选区运算方式变为从选区减去。

快速选择工具的圆形画笔笔尖可以调整大小、硬度和间距等，该工具选项栏如图 2-10 所示。

图 2-10 "快速选择工具" 选项栏

任务 *2.2*　图像编辑工具

2.2.1　文字工具

文字工具 T 的使用，对提升效果图的意境、丰富效果图内容的作用是不可忽视的，文字的设计、编排也是一门很深的艺术。

1. 文字的类型

在 Photoshop CS6 中，文字工具分为横排文字 T、竖排文字 IT 和路径文字三类。

（1）横排文字：在打开的图像窗口中选择横排文字图标，在图像窗口中单击，光标闪烁的位置就是文字输入的起始端，从这里即可创建横排文字 "我的校园"，如图 2-11 所示。

（2）竖排文字：在打开的图像窗口中选择竖排文字图标，在图像窗口中单击，即可创建竖排文字 "我的校园"，如图 2-12 所示。

（3）路径文字：路径文字的创建，首先要使用钢笔工具 ✑ 勾画出一条路径，其次选择文字工具，将光标置于路径位置并单击，就会发现光标已经在路径上闪烁了。输入 "我的校园"，文字绕路径编排，如图 2-13 所示。

图 2-11　横排文字

图 2-12　竖排文字

图 2-13　路径文字

2. 文字属性的设置

文字属性包括文字字体、大小、颜色设置，在文字工具选项栏中，可以分别进行设置，如图 2-14 所示。

图 2-14　"文字工具"选项栏

2.2.2　裁剪工具

在建筑后期处理中裁剪工具 ⛏ 经常结合构图使用，它的作用是裁减掉画面多余部分，以达到更美观的画面效果。

Photoshop CS6 对裁剪工具功能进行了增强，现在可以进行非破坏性的裁剪（隐藏被裁掉的区域），在裁剪图像后，当再次选择裁切工具时，便可以看见裁剪前的图像，如图 2-15 所示，从而方便用户重新进行裁剪。同时在使用裁切工具时，如果裁剪范围超过了边界，新的裁切功能会显示预览新的背景。

图 2-15　"裁剪工具"效果图

2.2.3 抓手工具

抓手工具虽然对图像本身的处理不产生影响，但在操作过程中，它是移动图像必不可少的工具。可以单击█图标，选择抓手工具，也可以按住空格键，拖动鼠标来移动图像的位置。

任务 *2.3* 图像选择和编辑命令

对图像进行选择和编辑，除了使用前面提到的一些常用工具外，还常常用到一些菜单命令。工具和菜单命令的结合，使得 Photoshop CS6 的编辑功能更为完善，同时也为后期处理工作带来了更多便利。

2.3.1 "色彩范围"命令

"色彩范围"命令是一种选择颜色很方便的命令，执行"选择"→"色彩范围"命令即可打开该对话框。下面以一个树枝图像选取实例，介绍"色彩范围"对话框的用法。

【步骤 1】运行 Photoshop CS6 软件，按快捷键 Ctrl+O，打开二维码提供的"树枝.jpg"图像文件，如图 2-16 所示。

【步骤 2】双击"背景"图层，将背景图层转换为"图层 0"普通图层，这样在清除天空背景后，可得到透明区域。

【步骤 3】执行"选择"→"色彩范围"命令，打开"色彩范围"对话框。单击吸管工具█，然后移动光标至图像窗口蓝色天空背景位置单击，以拾取天空颜色作为选择颜色。对话框中的预览窗口会立即以黑白图像显示当前选择的范围，其中白色区域表示选择区域，黑色区域表示非选择区域。

【步骤 4】拖动颜色容差滑块，调节选择的范围，直至对话框中的天空背景全部显示为白色，如图 2-17 所示。

【步骤 5】单击"确定"按钮，关闭"色彩"范围对话框，图像窗口会以"蚂蚁线"的形式标记出选择的区域，如图 2-18 所示。

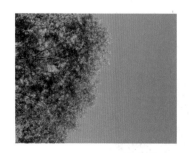

图 2-16　原图像　　　　　　图 2-17　"色彩范围"对话框　　　　图 2-18　得到天空背景选区

【步骤 6】按 Delete 键，清除选区内的天空图像，从而得到透明背景，如图 2-19 所示。

或者按快捷键 Ctrl + Shift + I，反选当前选区，以得到树枝选区。

【步骤 7】按快捷键 Ctrl +O 打开建筑图像，如图 2-20 所示。

图 2-19　清除天空背景

图 2-20　打开建筑图像

【步骤 8】拖动复制已去除背景的树枝图像至建筑图像窗口，按快捷键 Ctrl+T，调整树枝图像的大小及位置，如图 2-21 所示。

图 2-21　合成效果

【步骤 9】调入的配景素材，除了调整其大小和位置之外，还需要进行颜色和色调调整，以匹配建筑图像的颜色。选择"图像"→"调整"→"亮度 / 对比度"命令，打开"亮度 / 对比度"对话框将树枝图像颜色调暗，从而完成最终合成。

2.3.2　"图像变换"命令

在调整配景大小和制作配景阴影或倒影的过程中，会反复使用到 Photoshop CS6 的变换功能。图像变换是 Photoshop CS6 的基本技术之一，下面详细介绍变换的具体操作。

图像变换有两种方式：一种方式是直接在"编辑"→"变换"子菜单中选择各个命令，如图 2-22 所示；另一种方式是通过不同的鼠标和键盘配合操作进行各种自由变换。

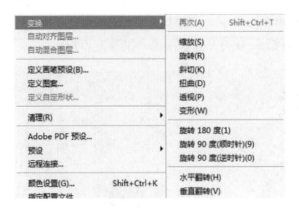

图2-22 "变换"子菜单

接下来介绍如何使用变换菜单进行图像变换。

"编辑"→"变换"级联菜单各命令功能如下。

- "缩放"：选择此命令后，移动光标至变换框上方，光标将显示为双箭头形状，拖动鼠标即可调整图像的大小。若按 Shift 键拖动，则可以固定比例缩放，如图 2-23 所示。

- "旋转"：选择此命令后，移动鼠标至变换框外，当光标显示为↰形状后，拖动即可旋转图像。若按 Shift 键拖动，则每次旋转 15°，如图 2-24 所示。

图2-23 缩放图像　　　　　图2-24 旋转图像

- "斜切"：选择此命令，可以将图像进行倾斜变换。在该变换状态下，变换控制框的角点只能在变换控制框边线所定义的方向上移动，从而使图像得到倾斜效果，如图 2-25 所示。

- "扭曲"：选择此命令，可以任意拖动变换框的四个角点进行图像变换，如图 2-26 所示，但四边形任一角的内角角度不得大于 180°。

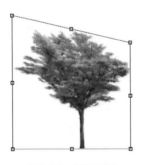　

图2-25 斜切图像　　　　　图2-26 扭曲变换图像

- "透视"：使用此命令，拖动变换框的任一角点时，拖动方向上的另一角点会发生相反的移动，得到对称的梯形，从而得到物体透视变形的效果，如图 2-27 所示。

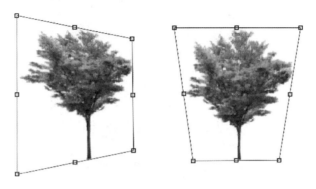

图 2-27　透视变换图像

任务 2.4　图层运用

微课：
图层运用

2.41　图层基本概念

图层是 Photoshop 中很重要的部分。图层可以看作是一张张透明的纸，Photoshop 中的作品常常是多个图层堆叠而成的效果。设计作品时，最好将图像的各部分分别置于不同的图层中，最后将这些图层叠加得到最终图像。各个图层都可以单独编辑，而不影响其他图层的内容。图层也可以增加、删除或调整堆叠顺序，还可以暂时隐藏、调整不透明度（背景图层不能调整不透明度）等。在 Photoshop 中编辑图像时，根据需要可以将多个图层进行随意的合并和取消合并操作。一幅图像中至少有一个图层存在。

2.4.2　图层面板及图层的类型

1. 图层面板

图层面板是 Photoshop 中很重要的一个面板，它显示当前文档包含的所有图层、图层组及图层效果。图层面板是用来创建、编辑和管理图层的。图层面板如图 2-28 所示。

"图层"面板各部分的作用如下。

- "选取过滤图层类型"列表框：该列表框有类型、名称、效果、模式、属性及颜色六项，用来选择过滤图层的条件类型。如当前以"类型"过滤图层，单击选择"类型"列表 ⬛◯⒯🔒 中的"文字滤镜图层" 🅃 图标，图层面板上只显示文字图层，其他图层隐藏。
- 打开或关闭"图层过滤"按钮：单击此按钮可以打开或关闭图层过滤功能。
- "设置图层的混合模式"下拉列表框：图层的混合模式是设置当前图层与下方图层的混合效果。单击该下拉框右侧的三角形按钮，系统会弹出一个下拉列表框，可从中单击选择混合模式，各模式的作用将在后面的项目中介绍。

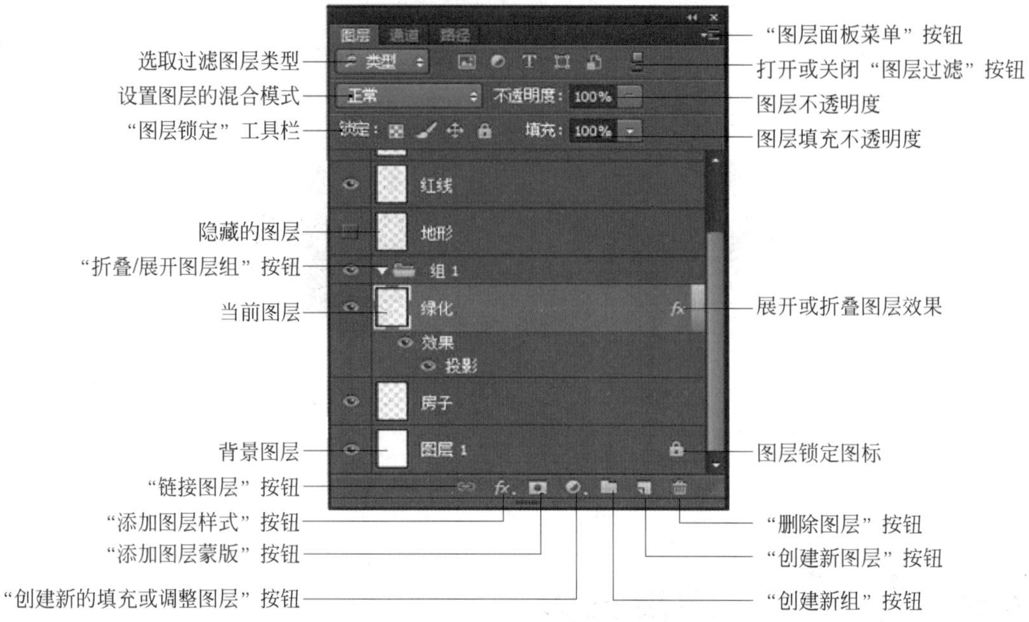

图 2-28　图层面板

- 图层不透明度：用于设置当前图层的不透明度，取值范围为 0 ～ 100%。图层透明时，可以显示其下方图层的图像。

- "图层锁定"工具栏：共有四个按钮，通过单击各按钮，可设置锁定相应对象，按钮颜色加深则选中。锁定操作只在选择单个图层时使用，且对背景层不能进行锁定操作。表示锁定不透明区域，选中时表示对当前图层编辑时只对非透明区域起作用。表示图像像素锁定，如选中，则不能对图层中的像素进行修改，包括使用铅笔等绘图工具进行绘制，也包括对图像的色彩进行调整。表示图层的移动锁定，选中时表示图层中的对象不能移动。表示图层全部锁定，如果选择，则当前图层既无法绘制也不能移动，也不能改变图层的混合模式和不透明度。

- 图层填充不透明度：用于设置当前图层填充内容的不透明度，与图层不透明功能类似，但此不透明对图层效果没作用。

- "图层显示 / 隐藏"图标：用于控制图层的显示或隐藏。当图层左侧有此图标时，则图层中内容处于显示状态，否则隐藏。如果按住 Alt 键单击某图层的该图标，将会隐藏除此之外所有的图层，再次按住 Alt 键单击该图层的眼睛图标，其他图层恢复显示。

- "链接图层"按钮：当按 Shift 键选择两个图层或多个图层时，单击该按钮可设置链接图层，再次单击取消链接。当图层最右侧显示该图标时，表示该图层与其他有该图标的图层为链接图层，链接图层可以一起编辑。

- "添加图层样式"按钮：为当前图层添加图层样式效果，单击该按钮，系统弹出一个下拉菜单，从中可选择相应的命令添加图层样式。

- "添加图层蒙版"按钮：单击此按钮，可为当前图层添加图层蒙版。

- "创建新的填充或调整图层"按钮：单击此按钮，系统会弹出如图 2-29 所示的菜单，用户可从中单击选择要创建的图层的类型，选择后系统会弹出相应的对话框让用户设置参数，图层面板上也建立相应的图层。

- "创建新组"按钮：单击此按钮，创建新的图层组，类似"文件夹"，可以在其内建立多个图层，便于图层的管理，可对图层组进行浏览、选择、复制、移动、删除等操作。

- "创建新图层"按钮：单击此按钮，可以创建一个新的空白图层。

- "删除图层"按钮：单击此按钮，可删除当前图层或图层组；也可将要删除的图层或图层组拖到该按钮上，松开鼠标时，即可删除图层或图层组。

- "图层面板菜单"按钮：单击此按钮，可弹出图层面板菜单，根据需要可从中选择合适的命令。

- "折叠 / 展开图层组"按钮：单击此图标，可以打开或折叠图层组。

- 图层缩览图：图层名左侧的图像是图层的缩览图，它显示图层中图像的内容。缩览图中的棋盘格表示图层中的透明区域。在缩览图上右击，打开快捷菜单，可以更改缩览图的大小，如图 2-30 所示。

图 2-29 "创建新的填充或调整图层"菜单   图 2-30 缩览图右击快捷菜单

2. 图层的类型

Photoshop CS6 中的图层类型有很多种，它们功能也各不相同，在图层面板显示也不同。

背景图层是位于最下面的图层，一个图像文件只有一个背景图层，它是不透明的，是无法与其他图层交换堆叠次序的。只有当背景层转换为普通图层后，才能与其他图层交换堆叠次序。普通图层是 Photoshop 中最基本的图层类型，新建的普通图层都是透明的。文字图层是使用文字工具后，系统自动创建的图层，只可以输入文字。调整图层主要用于从整体上调整图像的色彩。填充图层是使用单一颜色或渐变颜色、图案填充在新的图层中，而形成图像遮盖效果。

2.4.3 选择、移动、复制和删除图层

1. 选择图层

要对图层内容进行编辑，应先选择相应的图层，图层被选中后，在图层面板相应的图层以蓝色条标识。可以同时选择多个图层，一起进行某些相同的操作，如删除图层或复制图层等。

（1）在图层面板选择图层。

- 选择一个图层：在图层面板上单击相应的图层，即可选中该图层。
- 选择多个连续的图层：在图层面板上，先单击第一个图层，然后按住 Shift 键单击最后一个。
- 选择不连续的多个图层：按住 Ctrl 键在图层面板上单击要选择的图层，如果包括当前图层，可直接按 Ctrl 键单击其他图层即可。
- 要选择所有图层，可以选择"选择"→"所有图层"菜单命令，或按快捷键 Ctrl+Alt+A。

（2）在文档窗口选择单个图层。

可以 Photoshop 的文档窗口中选择图层。先在工具箱选择移动工具，然后执行以下操作之一。

- 在公共选项栏上勾选"自动选择"项，从"自动选择"项的下拉列表中选择"图层"，在文档窗口中单击，将选择包含光标下的像素的顶部图层。
- 在公共选项栏上勾选"自动选择"项，在下拉列表中选择"组"，单击要选择的内容，将选择包含该像素的顶部组，如单击的是未编组的图层，该图层将被选中。
- 在文档窗口中右击，系统弹出关联菜单，从中选择图层。关联菜单中列出了所有包含当前光标指针下的像素的图层。

在使用其他工具时，要想在文档窗口中选择图层，也可按住 Ctrl 键，在文档窗口右击系统弹出关联菜单，从中选择相应的图层。

2. 使用移动工具选择图层

切换至移动工具，再按住 Ctrl 键不放，用鼠标在画布中拖出一个选择框，凡是选择框接触到的像素所在图层都会被选择。

3. 取消图层的选择

如果当前不选择任何图层，在图层面板空白处单击即可，也可选择"选择"→"取消选择图层"菜单命令。如取消某个图层的选择，可以按住 Ctrl 键并单击该图层。

2.4.4 创建新的图层或图层组

在 Photoshop 中创建新图层的方法有很多种，当创建了新的图层后，新的图层自动变成当前工作图层。

1. 创建新的普通图层

创建新的普通图层常用的方法有以下几种。

- 在创建新文件时，选择"文件"→"新建"命令，在弹出的"新建"对话框中设置"背景内容"为"透明"，如图 2-31 所示，单击"确定"按钮，系统创建一新文件，同时新文件中也创建一新的普通图层。

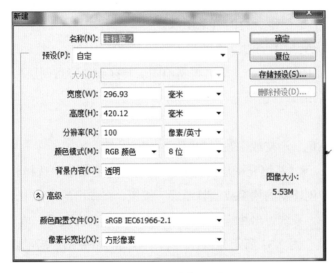

图 2-31 "新建"对话框

- 单击"图层"面板上的"创建新图层"按钮，可在当前图层的上方创建一新的空白图层。
- 选择"图层"→"新建"→"图层"命令，系统弹出"新建图层"对话框，如图 2-32 所示。在对话框中进行合适的设置后，单击"确定"按钮，即可在当前图层的上方创建一新的空白图层。

图 2-32 "新建图层"对话框

- 选择"图层"→"新建"→"通过拷贝的图层"命令，将创建一新图层，并将当前图层选区内图像复制到新创建的图层中。

- 选择"图层"→"新建"→"通过剪切的图层"命令，将创建一新图层，并将当前图层选区内图像移动到新创建的图层中。
- 按住 Alt 键双击图层面板上的背景图层，既可将背景图层转换为普通图层；也可直接双击图层面板上的背景图层，或者选择"图层"→"新建"→"背景图层"命令，系统都将弹出"新建图层"对话框，单击"确定"按钮后，可以将当前文件中的背景图层转换为普通图层。

2. 创建背景图层

- 在创建新文件时，即选择"文件"→"新建"命令，在弹出的"新建"对话框中设置"背景内容"为"白色"或"背景色"，单击"确定"按钮，系统创建一新文件，同时新文件中也创建一新的背景图层。
- 当前文件中无背景图层时，单击要作为背景图层的图层，然后选择"图层"→"新建"→"背景图层"命令，即可将当前图层转换为"背景图层"，且原图层中的透明区域将用当前的背景色填充。

3. 创建填充图层

填充图层是以纯色、渐变或图案作为图层的填充内容。

可选择"图层"→"新填充图层"命令，在调出的子菜单中选择相应的命令，也可以单击图层面板上的"创建新的填充或调整图层"按钮，在弹出的菜单中选择"纯色""渐变"或"图案"填充之一，系统弹出相应的对话框，进行合适的设置后，单击"确定"按钮，即可创建一个填充图层。图 2-33 所示为创建了三个不同的填充图层后的图层面板。如果创建填充图层后，要再修改填充的颜色、渐变或图案，可直接双击图层面板上的"图层缩览图"，在弹出的相应对话框中进行修改。双击"图案填充 1"图层的"图层缩览图"，弹出如图 2-34 所示的"图案填充"对话框，可修改填充图案。

图 2-33　创建三个填充图案

图 2-34　"图案填充"对话框

4. 创建调整图层

调整图层可调节其下所有图层中图像的色调、亮度、饱和度等。

可选择"图层"→"新调整图层"命令，在打开的子菜单中选择相应的命令，也可以单击图层面板上的"创建新的填充或调整图层"按钮，在弹出的菜单中选择相应调整项，系统会弹出相应的调整对话框，进行合适的设置后，单击"确定"按钮，系统即创建一个相应的调整图层。如选择"色相 / 饱和度"命令，系统弹出如图 2-35 所示的面板，设置好后，单击"确定"按钮，系统即在当前图层上创建"色相 / 饱和度"调整图层。

图 2-35　"色相 / 饱和度"面板

■ **提 示**

　　使用调整图层与填充图层的好处在于：这两种图层存放用于对其下方图层的选区或整个图层进行色彩调整的信息，不会对其下边图层内图像造成永久性改变，如删除调整图层或填充图层，其下边的图层内容则恢复原样。

5. 创建图层组

单击图层面板上的"新建组"按钮，即可创建新的图层组。

2.4.5　移动图层（或图层组）

　　若更改图层或图层组在图层面板上的顺序，可在"图层"面板中将图层或组向上或向下拖动。当突出显示的线条出现在要放置图层或组的位置时，松开鼠标按钮即可；也可将图层移到一个组中，将该图层拖动到相应的组文件夹即可。如果组已关闭，则图层会被放到组的底部。

2.4.6　图层内容的移动

　　若要移动当前图层所有图像在画布上的位置，可单击工具箱内的"移动工具"按钮，或在使用其他工具时按住 Ctrl 键，用鼠标拖曳画布上的图像，或用键盘的上、下、左、右方向键调整图像位置，每按一次方向键在相应方向上移动一个像素的距离。

若移动图层中部分图像的位置，应先创建选区框选这部分图像，再用鼠标或方向键移动图像的位置。

2.4.7 复制图层（或图层组）

1. 在同一个图像内复制图层（或图层组）的方法

- 先选择图层或组，然后将其拖动到图层面板的"新建图层"按钮，新建图层按钮加亮，松开鼠标。
- 可选择图层或组，从"图层"菜单或"图层"面板菜单中选取"复制图层"或"复制组"，图 2-36 所示为"复制组"对话框，单击"确定"按钮，完成复制。

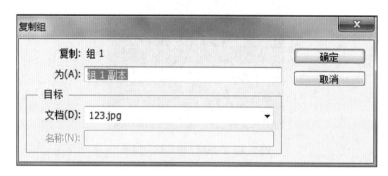

图 2-36 "复制组"对话框

2. 在图像间复制图层或图层组

打开源图像和目标图像，在源图像的"图层"面板中选择一个或多个图层，或选择一个图层组，然后执行以下操作之一。

- 用鼠标指向"图层"面板中该图层或图层组，当指针变成手形时拖动该图层或图层组到目标图像区域中，当目标图像区域四周出现加粗边框，松开鼠标即可。
- 使用移动工具，从源图像拖动到目标图像。在目标图像的"图层"面板中，复制的图层或图层组将出现在当前图层的上面。按住 Shift 键并拖动，可以将图像内容定位于它在源图像中占据的相同位置（如果源图像和目标图像具有相同的像素大小），或者定位于文档窗口的中心（如果源图像和目标图像具有不同的像素大小）。
- 从"图层"菜单或"图层"面板菜单中选取"复制图层"或"复制组"，在弹出相应对话框的"文档"下拉列表中选取目标文档，单击"确定"按钮。

3. 将图层或图层组创建到新文档中

在"图层"面板中选择一个图层或图层组，然后从"图层"菜单或"图层"面板菜单中选取"复制图层"或"复制组"，在弹出相应对话框的"文档"下拉列表中选取"新建"，单击"确定"按钮，即可完成将图层或图层组创建到新文档中，其中名称框中可输入新建文件的名称。

2.4.8 删除图层或图层组

执行以下方法之一即可。

- 在图层面板上选择要删除的图层或图层组，然后将其拖到删除图层按钮上即可，或单击删除图层按钮。
- 在图层面板上选择要删除的图层或图层组，然后右击，在弹出的快捷菜单中选择"删除图层"或"删除组"命令，或选择"图层"→"删除"菜单下的"组"或"图层"子命令。

2.4.9 改变图层或图层组的不透明度

图层的不透明度是设置当前图层遮蔽或显示其下方图层的程度，其取值范围为 0 ~ 100%。当不透明度为 100% 时，图层则完全不透明；而当不透明度为 0 时，图层是完全透明的。

改变图层的不透明度，先选择要设置的图层或图层组，然后执行下列操作之一。

- 在"图层"面板的"不透明度"文本框中输入值，或拖动"不透明度"弹出式滑块。
- 选择"图层"→"图层样式"→"混合选项"命令，在打开的对话框的"不透明度"文本框中输入值，或拖动"不透明度"滑块，如图 2-37 所示。

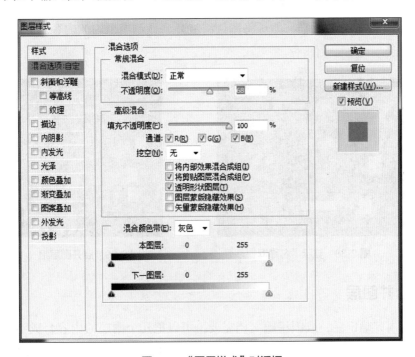

图 2-37 "图层样式"对话框

2.4.10 图层或组的重命名

为图层设置合适的名称，便于对文档的编辑，便于用户识别面板中的图层。要进行重命名，可执行下列操作之一。

- 在"图层"面板中，双击图层名称或组名称，然后输入新名称。
- 选择一个图层或图层组，并从"图层"菜单中选取"重命名图层"或"重命名组"命令，在图层面板中显示出"名称"文本框，如图2-38所示，在"名称"文本框内输入新名称，然后按Enter键确定。

2.4.11　为图层或组标识颜色

为图层或组标识颜色，便于用户在"图层"面板中找到相关图层，标识的颜色显示在图层面板上相应图层的眼睛图标处。操作方法：在图层面板上的一个图层或组上方右击，在打开的快捷菜单中选择要使用的颜色，即为图层或组标识了相应的颜色。

2.4.12　将图层移入或移出图层组

在图层面板上拖曳图层到相应的图层组上时，当该图层组被一个方框框选时，松开鼠标左键，即实现将所拖图层移入图层组中。将图层组中的图层再拖曳到图层组外，松开鼠标左键，图层即从图层组中移出。

图层组可以折叠也可展开。单击图层组图标前的标志 ，可将图层组折叠，这时图层组图标显示为 。单击图标 ，即可将图层组展开，显示出组内的内容，且图标变为 ，如图2-39所示。

图 2-38　显示"名称框"

图 2-39　展开图层组

2.4.13　合并图层

当图层的内容确定后，或因编辑文档需要，可以把几个图层的内容合成到一个图层中，合并图层后图像文件缩小。合并图层的快捷键为Ctrl+E，或使用菜单命令"图层"→"合并图层"。

要合并的图层应处于可见状态。

1. 合并两个图层

如当前仅选择一个图层，按快捷键 Ctrl+E 将当前图层与其下方图层合并，合并后的图层采用原下方图层的名称和颜色标志。

2. 合并多个图层

当选择了多个图层后，按快捷键 Ctrl+E 将所选图层合并，合并后的图层采用原位于最上面图层的名称，颜色标志不继承。

3. 合并可见图层

执行"图层"→"合并图层"命令，或按快捷键 Ctrl+Shift+E 可以把当前所有处于显示状态的图层合并，处于隐藏状态的图层保持原样。

4. 合并链接图层

当仅想合并链接图层时，可先通过"图层"→"选择链接图层"命令选择这些图层，然后按快捷键 Ctrl+E 合并链接图层。

5. 拼合图像

执行"图层"→"拼合图像"命令，可将所有图层合并为背景层，如有图层处于隐藏状态，系统会弹出警告框，如单击"确定"按钮，则处于隐藏的图层将被丢弃。

 提 示

在存储合并的文档后，下次再打开文档将不能恢复到未合并前的状态；图层的合并是永久行为；不能将调整图层或填充图层作为合并的目标图层。

思 考 与 练 习

1. 通道的主要功能是什么？有哪几种类型？

2. 使用圆形选框工具时，需要配合什么按键才能画出正圆？

3. 图层蒙版的作用是什么？图层蒙版中的黑白灰分别出现对图层产生什么效果？

第 2 部分

实 战 篇

项目 3　彩色户型图制作

【学习目标】

知识目标	能力目标	课程思政元素
掌握 CAD 文件的转换方法和步骤	能进行 CAD 文件的转换	培养学生具备一定的美学素养
掌握彩色户型的绘制方法和步骤	能进行彩色户型图的填色	培养学生认真负责、注重细节、一丝不苟的工作态度

【项目重点】

- 掌握将 CAD 户型图输出为 EPS 文件的方法。
- 能进行室内框架的制作。
- 掌握不同类型地面的填色。
- 能对整体画面颜色进行控制。

【项目分析】

户型图是房地产开发商向购房者展示楼盘户型结构的重要手段。随着房地产开发业的飞速发展，对户型图的要求也越来越高，真实的材质和家具模块被应用到户型图中，从而使购房者一目了然。

户型图制作流程如下。

（1）整理 CAD 图样内的线。除了最终文件中需要的线，其他的线和图形都要删除。

（2）使用已经定义的绘图仪类型将 CAD 图样输出为 EPS 文件。

（3）在 Photoshop 中导入 EPS 文件。

（4）填充墙体区域。

（5）填充地面区域。

（6）添加室内家具模块。

（7）最终效果处理。

任 务 实 施

任务 3.1　从户型图中输出 EPS 文件

户型图一般都是使用 AutoCAD 设计的，要使用 Photoshop 对户型图进行上色和处理，必须从 AutoCAD 中将户型图导出为 Photoshop 可以识别的格式，这既是制作彩色户型图的第一步，也是非常关键的一步。

3.1.1 添加 EPS 打印机

从 AutoCAD 导出图形文件至 Photoshop 中的方法较多，可以打印输出 TIF、BMP、JPG 等位图图像，也可以输出为 EPS 等矢量图形。

因为 EPS 是矢量图像格式，文件占用空间小，而且可以根据需要自由设置最后出图的分辨率，以满足不同精度的出图要求。本任务重点介绍输出 EPS 的方法。

将 CAD 图形转换为 EPS 文件，首先必须安装 EPS 打印机，步骤如下。

【步骤 1】启动 AutoCAD，扫描二维码获得"户型平面布置图 .dwg"文件，如图 3-1 所示。

户型平面
布置图

微课：
添加 EPS
打印机

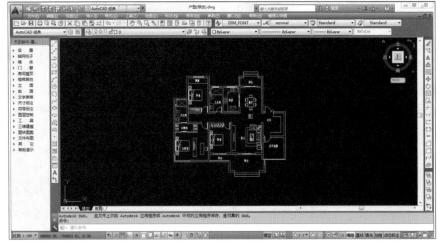

图 3-1　打开 AutoCAD 户型平面布置图文件

【步骤 2】在 AutoCAD 中执行"文件"→"绘图仪管理器"命令，打开 Plotters 文件夹窗口，如图 3-2 所示，该窗口用于添加和配置绘图仪和打印机。

图 3-2　打开绘图仪文件夹

【步骤3】双击"添加绘图仪向导"图标,打开添加绘图仪向导,首先出现的是简介页面,如图3-3所示,对添加绘图仪向导的功能进行了简单介绍,单击"下一步"按钮。

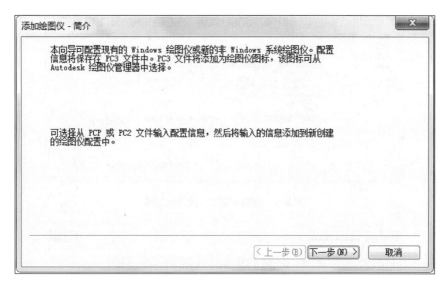

图3-3 添加绘图仪-简介

【步骤4】在打开的"添加绘图仪-开始"对话框中选择"我的电脑"选项,如图3-4所示,单击"下一步"按钮。

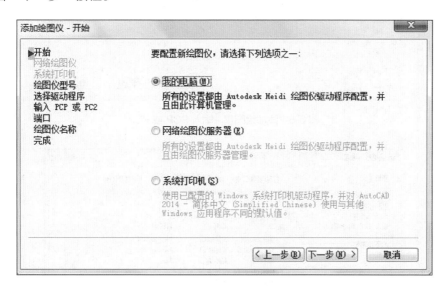

图3-4 添加绘图仪-开始

【步骤5】选择绘图仪的型号,这里选择Adobe公司的Postscript Level 1虚拟打印机,如图3-5所示,单击"下一步"按钮。

【步骤6】在弹出的"添加绘图仪-输入PCP或PC2"对话框中单击"下一步"按钮,如图3-6所示。

【步骤7】选择绘图仪的打印端口,这里选择"打印到文件"方式,如图3-7所示。

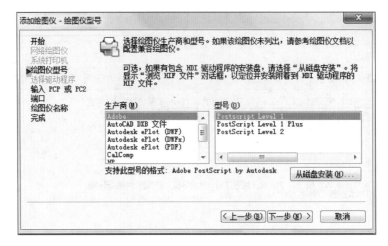

图 3-5　添加绘图仪 - 绘图仪型号

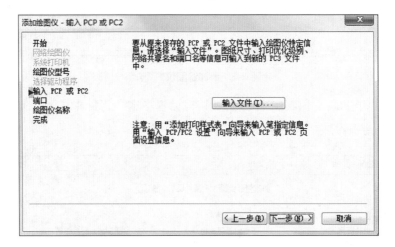

图 3-6　添加绘图仪 - 输入 PCP 或 PC2

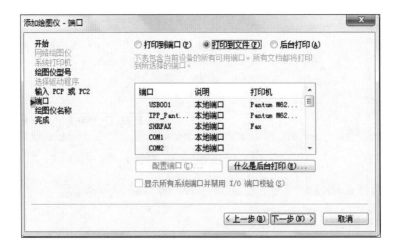

图 3-7　添加绘图仪 - 端口

【步骤 8】绘图仪添加完成，输入绘图仪的名称以区别 AutoCAD 其他绘图仪，如图 3-8 所示，单击"下一步"按钮。

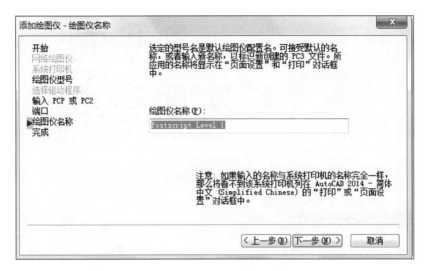

图 3-8 添加绘图仪 - 绘图仪名称

【步骤 9】单击"完成"按钮，结束绘图仪添加向导，完成 EPS 绘图仪的添加，如图 3-9 所示。

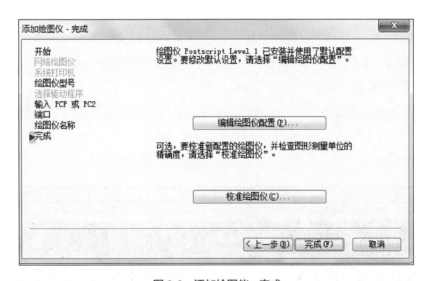

图 3-9 添加绘图仪 - 完成

【步骤 10】添加的绘图仪显示在 Plotters 文件夹窗口中，如图 3-10 所示，这是一个以 pc3 为扩展名的绘图仪配置文件，在"打印"对话框中可以选择该绘图仪作为打印输出设备。

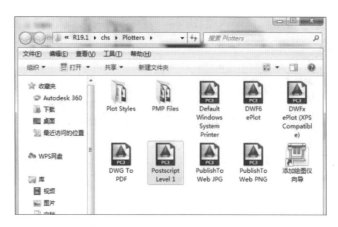

图 3-10　生成绘图仪配置文件

3.1.2　打印输出 EPS 文件

为了方便 Photoshop 选择和填充，在 AutoCAD 中导出 EPS 文件时，一般将墙体、填充、家具和文字分别进行导出，然后在 Photoshop 中合成。

微课：
输出 EPS
文件

1. 打印输出墙体图形

打印输出墙体图形时，图形中只需保留墙体、门、窗图形即可。其他图形，可以通过关闭图层方法隐藏显示，如轴线、文字标注等。

为了方便在 Photoshop 中对齐单独输出的墙体、填充和文字等图形，需要在 AutoCAD 中绘制一个矩形，确定打印输出的范围，以确保打印输出的图形大小相同。下面就来介绍打印输出墙体图形的步骤与方法。

【步骤 1】选择"图层 0"为当前图层，在 AutoCAD 命令窗口中输入 REC 命令，或单击绘图工具栏中的矩形绘图按钮|口|，绘制一个比平面布置图略大的矩形，如图 3-11 所示，以确定打印的范围。

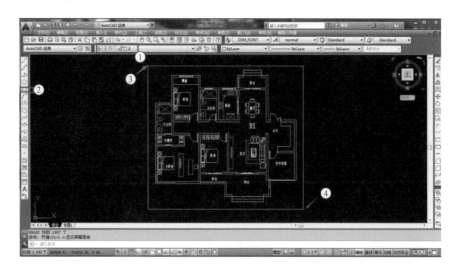

图 3-11　绘制矩形

【步骤 2】在"图层"工具栏的下拉列表中关闭"地面""尺寸标注""文字"等图层，仅显示"0""墙体""门""窗""楼梯"几个图层，如图 3-12 所示。

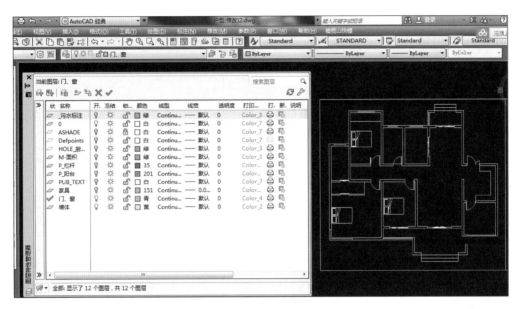

图 3-12 关闭图层

【步骤 3】执行"文件"→"打印"命令，打开"打印"对话框，在"打印机 / 绘图仪"下拉列表框中，选择前面添加的 Postscript Level 1.pc3 作为输出设备，如图 3-13 所示步骤①。

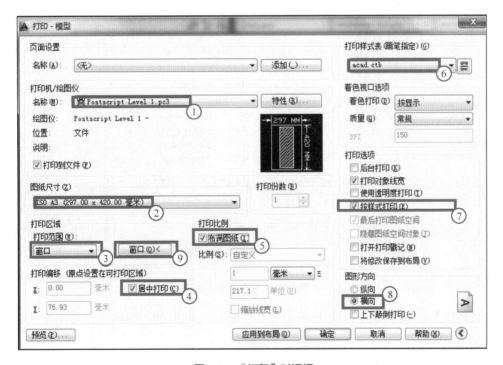

图 3-13 "打印"对话框

【步骤 4】选择 "ISO A3（297.00×420.00 毫米）"图纸作为打印图纸，如图 3-13 所示步骤②。

【步骤 5】在"打印范围"列表框中选择"窗口"方式，以便手工指定打印区域，如图 3-13 所示步骤③。

【步骤 6】在"打印偏移"选项组中选择"居中打印"选项，使图形打印在图纸的中间位置如图 3-13 所示步骤④。

【步骤 7】选择"打印比例"选项组的"布满图纸"选项，使 AutoCAD 自动调整打印比例，使图形布满整个 A3 图纸，如图 3-13 所示步骤⑤。

【步骤 8】在"打印样式表"下拉列表框中选择 acad.ctb 颜色打印样式表，如图 3-13 所示步骤⑥。在弹出的"问题"对话框中单击"是"按钮。

【步骤 9】在"打印选项"列表框中选择"按样式打印"选项，使选择的打印样式表生效，如图 3-13 中的步骤⑦。

【步骤 10】指定打印样式表后，可以单击右侧的编辑按钮，打开"打印样式表编辑器"，对每一种颜色图形的打印效果进行设置，包括颜色、线宽等，如图 3-14 所示，这里将所有颜色都设置成"黑色"。将黄色线宽设置成"0.45 毫米"，其他使用默认设置。

图 3-14　指定对象线宽

【步骤 11】在"图形方向"选项组中选中"横向"选项，使图纸横向方向打印，如图 3-13 中的步骤⑧。

【步骤 12】单击"打印区域"选项组中的"窗口"按钮，如图 3-13 中的步骤⑨，在绘图窗口分别捕捉矩形两个对角点,指定该矩形区域为打印范围,如图 3-15 所示。

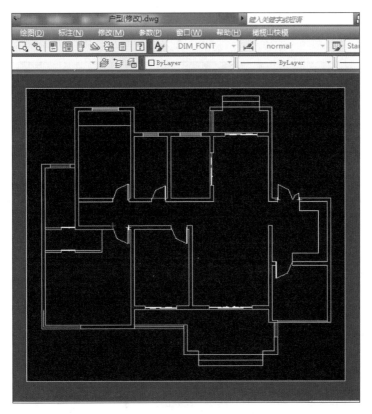

图 3-15　在图像窗口指定打印区域

【步骤 13】指定打印区域后,系统自动返回"打印"对话框,单击图 3-13 中左下角的"预览"按钮,可以在打印之前预览最终打印效果,如图 3-16 所示。

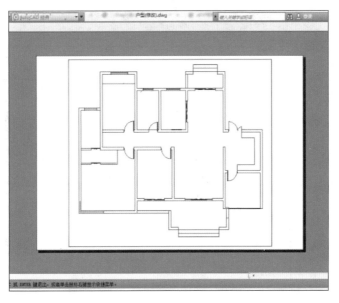

图 3-16　预览打印效果

【步骤 14】如果在打印预览中没有发现什么问题，即可单击按钮开始打印，系统自动弹出"浏览打印文件"对话框，选择"封装 PS（*.eps）"文件类型并指定文件名，如图 3-17 所示。

【步骤 15】单击"保存"按钮，即开始打印输出，墙体图形打印输出完成。

图 3-17　保存打印文件

2. 打印家具图形

【步骤 1】关闭"墙体""窗""门""楼梯"等图层，重新打开"家具""设备""绿化"等图层。

【步骤 2】按快捷键 Ctrl+P，再次打开"打印"对话框，保持原来参数不变，单击"确定"按钮开始打印，打印文件保存为"户型图 - 家具 .eps"文件，如图 3-18 所示。

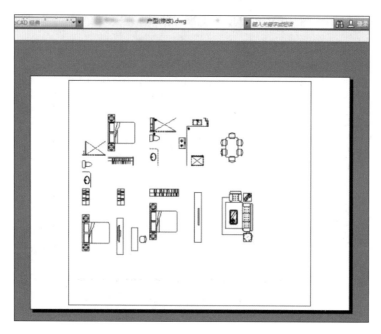

图 3-18　家具预览打印效果

3. 打印输出文字、标注图形

使用同样的方法打印输出文字标注、尺寸标注图形，图层设置如图 3-19 所示。
AutoCAD 图形全部打印输出完毕。

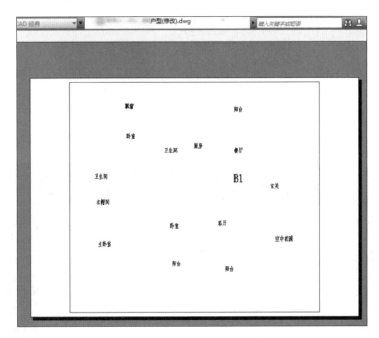

图 3-19 文字标注预览打印效果

任务 *3.2* 室内框架的制作

墙体是分隔各室内空间的主体，它将室内空间划分为客厅、餐厅、厨房、卧室、卫生间、
书房等空间、功能相对独立的封闭区域。使用魔棒工具将各面墙体选择出来，并填充相应的
颜色，室内各空间即变得清晰而明朗。

3.2.1 打开并合并 EPS 文件

EPS 文件是矢量图形，在着色户型图之前，需要将矢量图形栅格化为 Photoshop CS6 可
以处理的位图图像，图像的大小和分辨率可根据实际需要灵活控制。

1. 打开并调整墙体

接下来将各个图层在 Photoshop 中打开，按步骤打开并调整墙体层。

【步骤 1】运行 Photoshop CS6，按快捷键 Ctrl+O，打开"户型图 - 墙体 .eps"文件，单击"打
开"按钮。

【步骤 2】系统弹出"栅格化 EPS 格式"对话框，以设置转换矢量图形为位图图像的参数，
用户可以根据户型图打印输出的目的和大小，设置相应的参数，如图 3-20 所示。

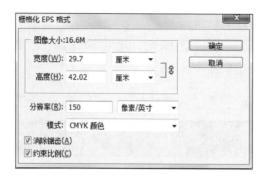

图 3-20　设置栅格化 EPS 参数

【步骤 3】栅格化 EPS 后，得到一个背景为透明的位图图像，如图 3-21 所示。

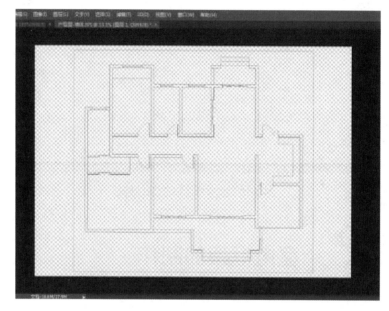

图 3-21　栅格化 EPS 文件结果

【步骤 4】透明背景的网格显示不便于图像查看和编辑，按 Ctrl 键单击图层面板新建按钮，在"图层 1"下方新建"图层 2"图层。设置背景色为白色，按快捷键 Ctrl+Delete 填充，得到白色背景，如图 3-22 所示。

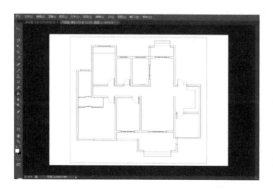

图 3-22　新建图层并填充白色

【步骤 5】选择"图层 2"为当前图层,执行"图层"→"新建"→"背景图层"命令,将"图层 2"转换为背景图层。背景图层不能移动,可以方便图层选择和操作。

【步骤 6】填充白色背景后,会发现有些细线条颜色较淡,不够清晰,需要进行调整。选择"图层 1"为当前图层,按快捷键 Ctrl+U 打开"色相 / 饱和度"对话框,将明度滑块移动至左侧,调整线条颜色为黑色,如图 3-23 所示。

图 3-23　调整图像亮度

【步骤 7】将"图层 1"重命名为"墙体线"图层,单击图层面板 按钮,锁定"墙体线"图层,如图 3-24 所示,以避免图层被误编辑和破坏。

图 3-24　锁定图层位置

【步骤 8】选择"文件"→"存储为"命令,将图像文件保存为"彩色墙体 .psd"。

2. 合并家具和地面 EPS 图像

【步骤 1】按快捷键 Ctrl+O,打开"户型图 - 家具 .eps"图形,使用相同的参数(图 3-20)进行栅格化,得到家具图形,如图 3-25 所示。

【步骤 2】选择移动工具 ,按住 Shift 键拖动家具图形至墙体线图像窗口,墙体与家具地面图形自动对齐,新图层重命名为"家具"。

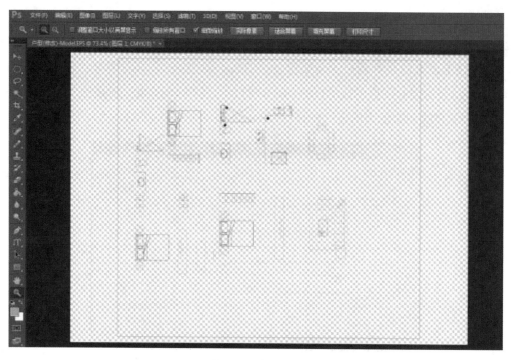

图 3-25　家具图形

【步骤 3】使用同样的方法栅格化"户型图 - 文字标注 .eps"文件，按 Shift 键将其拖动复制到户型图图像窗口，新图层重命名为"文字"图层，此时图层面板和图像窗口如图 3-26 所示。

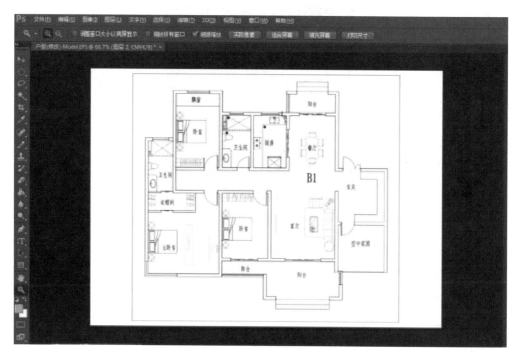

图 3-26　最终图形

3.2.2 墙体的制作

在完成了所有图层的导入后，下面将进行各个图层的填色任务，对墙体进行制作。

【步骤1】按快捷键 Ctrl+Shift+N，新建"墙体"图层，如图 3-27 所示。选择"墙体"图层为当前图层。

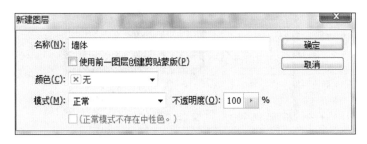

图 3-27　新建墙体图层

【步骤2】选择工具箱中的魔棒工具，在工具选项栏中设置参数如图 3-28 所示。选择"对所有图层取样"复选框，以便在所有可见图层中应用颜色选择，避免反复在"墙体"和"墙体线"图层之间切换。

图 3-28　设置魔棒参数

【步骤3】在墙体区域空白内单击，选择墙体区域，相邻的墙体可以按 Shift 键一次选择，如图 3-29 所示。

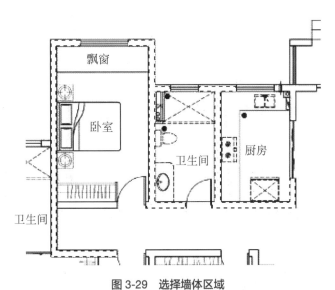

图 3-29　选择墙体区域

【步骤4】按 D 键恢复前 / 背景色为默认的黑 / 白颜色，按快捷键 Alt+Delete 填充黑色，如图 3-30 所示。

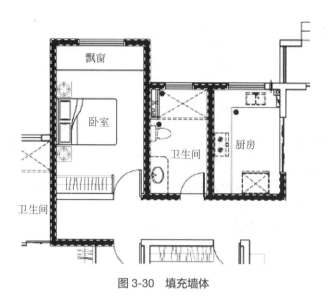

图 3-30　填充墙体

【步骤 5】使用同样的方法，完成其他墙体的填充。

3.2.3　窗户的制作

在完成了墙体的制作后，下面开始进行窗户的制作，户型图中的窗户一般使用青色填充表示。

【步骤 1】新建"窗户"图层并设置为当前图层，选择前景色为"#3cc9d6"。

【步骤 2】按快捷键 Shift+G，切换至油漆桶工具 ，在工具选项栏中选择"所有图层"复选框。

【步骤 3】移动光标至墙体窗框位置，在窗框线之间空白区域单击，填充前景色如图 3-31 所示，这样油漆桶工具能够将填充范围限制在窗框线之间的空白区域。

【步骤 4】使用同样的方法填充其他窗栏区域，如图 3-32 所示，完成户型图窗户的制作。

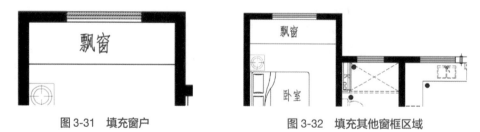

图 3-31　填充窗户　　　　　　　　图 3-32　填充其他窗框区域

任务 3.3　地面的制作

为了更好地表现整个户型的布局和各功能区域的划分，准确地填充地面就显得非常必要。在填充地面时应注意两点：一是选择地面要准确，对于封闭区域可使用魔棒工具，未封闭区域则可以先绘制线条封闭，或结合矩形选框工具和多边形套索工具进行封闭再选择；二是使用的填充材质要准确，比如卧室一般都使用木地板材质，以突出温馨、浪漫的气氛，而不宜使用色调较冷的大理石材质。在填充各个地面时，应使整体色调协调。

在制作地面图案时，这里推荐使用图层样式的图案叠加效果，因为该方法可以随意调节图案的缩放比例，而且可以方便地在各个图层之间复制。除此之外，还可以将样式以单独的文件进行保存，以备将来调用。

微课：
地面制作

3.3.1 创建客厅的地面

1.创建客厅地面填充图案

客厅地面一般铺设"800×800"或"600×600"的地砖，为了配合整体效果，这里只创建接缝图案，并填充一种地砖颜色。

【步骤1】选择"地面"图层为当前图层，选择工具箱中的铅笔工具，按下工具选项栏填充像素按钮，设置粗细为1像素，如图3-33所示。

图3-33 直线工具参数设置

【步骤2】设置前景色为黑色，沿客厅地砖分割线绘制两条直线，如图3-34所示。

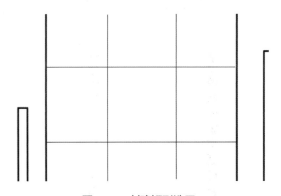

图3-34 创建矩形选区

【步骤3】选择工具箱中的矩形选框工具，选择客厅地面一块地砖选区。

【步骤4】单击图层面板"背景"图层左侧的眼睛图标，隐藏白色背景。

【步骤5】执行"编辑"→"定义图案"命令，创建"800×800地砖线"图案，如图3-35所示。地砖图案创建完成。

图案名称		×
	名称(N): 800×800地砖线	确定 取消

图3-35 创建地砖分割线图案

2. 封闭客厅空间

在创建完客厅地面填充图案后，我们要对图形开放的客厅空间进行封闭处理，这样能保证填充图案时的准确性。

【步骤1】为了便于选择各个室内区域，暂时隐藏"地面和家具"图层，如图3-36所示。

【步骤2】客厅位于户型图的左侧，选择工具箱中的魔棒工具，移动光标至客厅区域单击，会发现右侧的露台区域也会被同时选择，这是由于客厅右侧的推拉门为半开状态，使客厅区域未能完全封闭，如图3-37所示。

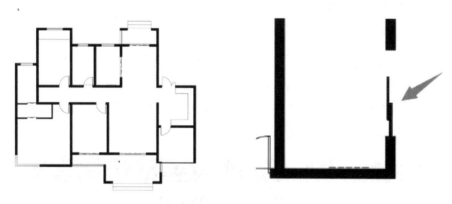

图3-36　隐藏"地面和家具"后的图层　　　　　　图3-37　推拉门缺口

【步骤3】新建"封闭线"图层，选择工具箱中的铅笔工具，在推拉门位置绘制一条封闭线，如图3-38所示。

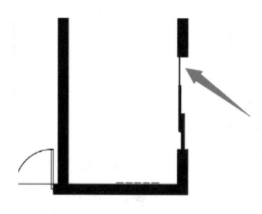

图3-38　绘制封闭线

3. 创建客厅地面

【步骤1】再次选择魔棒工具，在客厅位置单击，创建客厅区域选区。

【步骤2】新建"客厅地面"图层，设置前景色为"#f0f7bd"，按快捷键 Alt + Delete 填充，得到如图3-39所示效果。

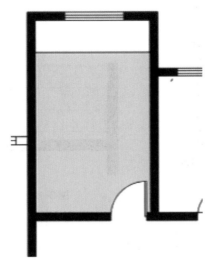

图 3-39　填充颜色

【步骤 3】执行"图层"→"图层样式"→"图案叠加"命令,打开"图层样式"对话框,在"图案"列表框中选择前面自定义的"800×800 地砖线"图案,设置缩放为 100%,如图 3-40 所示。

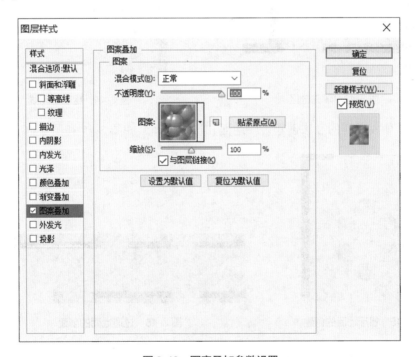

图 3-40　图案叠加参数设置

【步骤 4】添加图案叠加图层样式效果如图 3-41 所示,客厅地面制作完成。

【步骤 5】选择工具箱中的矩形选框工具,选择客厅入口大门区域创建矩形选区,如图 3-42 所示,该区域也应该填充地砖图案。

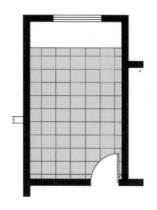

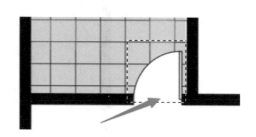

图 3-41 添加图案叠加样式效果　　　　　图 3-42 创建矩形选区

【步骤 6】按快捷键 Alt+Delete 填充前景色，结果如图 3-43 所示。

【步骤 7】选择"封闭线"图层为当前图层，设置前景色为黑色，选择工具箱中的铅笔工具，在门开口位置绘制封闭线，如图 3-44 所示。封闭线用于分割两种不同的地面材料。

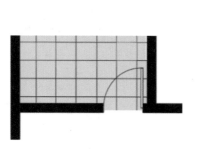

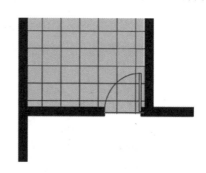

图 3-43 填充选区　　　　　　　　　图 3-44 绘制封闭线

【步骤 8】使用同样的方法创建餐厅地面和过道地面，如图 3-45 和图 3-46 所示。

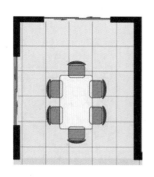

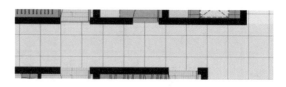

图 3-45 餐厅地面的创建　　　　　　图 3-46 过道地面的创建

3.3.2　创建卧室和书房木地板地面

1. 定义木地图案

在创建完客厅地面后，要进行卧室地面的创建，首先需要按步骤定义木地图案。

【步骤 1】显示"地面"图层并设置为当前图层，放大显示卧室木地板区域。

【步骤2】选择工具箱中的铅笔工具，设置前景色为黑色，沿木地板分割线绘制如图 3-47 所示的 4 条直线。

【步骤3】选择矩形选框工具▦，在绘制的直线上方创建如图 3-48 所示的木地板图案选区。

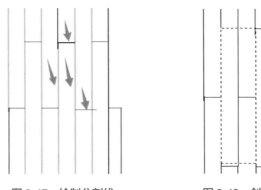

图 3-47　绘制分割线　　　　　图 3-48　创建图案选区

【步骤4】隐藏"背景"图层，执行"编辑"→"定义图案"命令，打开"图案名称"对话框，输入新图案的名称，如图 3-49 所示，单击"确定"按钮关闭对话框。

至此，木地板创建完成。

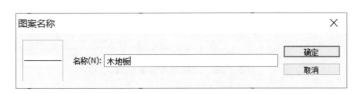

图 3-49　"图案名称"对话框

2. 制作木地板地面

【步骤1】新建"卧室地面"图层，重新显示"背景"图层。

【步骤2】选择工具箱中的油漆桶工具🪣，确认工具选项栏中的"所有图层"选项已经勾选。

【步骤3】设置前景色为"#f9cd8f"，移动光标分别在书房、子女卧室、更衣室和主卧室区域单击，填充颜色如图 3-50 所示。

【步骤4】在四个门口区域单击，填充前景色，如图 3-51 所示。

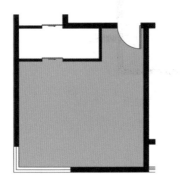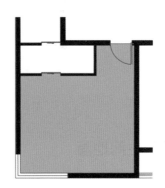

图 3-50　填充地面区域　　　　　图 3-51　填充门口区域

【步骤5】执行"图层"→"图层样式"→"图案叠加"命令,打开"图层样式"对话框,选择前面创建的"木地板"图案为叠加图案,如图3-52所示。单击"贴紧原点"按钮调整图案的位置。

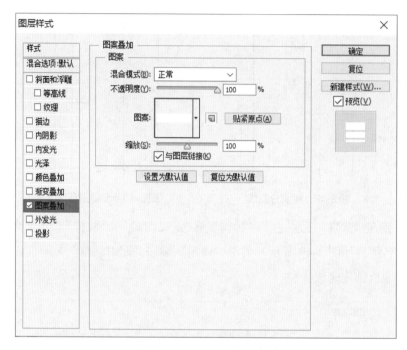

图3-52 图层叠加参数设置

【步骤6】添加图案叠加图层样式效果如图3-53所示。

至此,木地板地面创建完成。

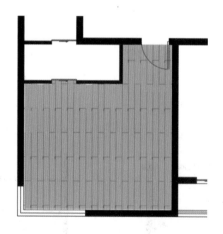

图3-53 添加图层样式效果

3.3.3 创建卫生间地面

这里介绍使用纹理图像创建地面图案的方法。

1.定义地砖图案

【步骤1】按快捷键 Ctrl+O，打开二维码提供的地砖图像，如图 3-54 所示。

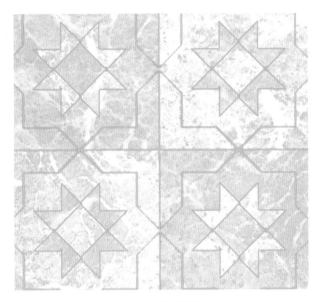

图 3-54 打开地砖图像

【步骤2】按快捷键 Ctrl + A 全选图像，执行"编辑"→"定义图案"命令，创建"卫生间地砖"图案。

2.创建卫生间地面

【步骤1】新建"卫生间地面"图层，使用油漆桶工具分别填充主卫和客厅卫生间地面区域，如图 3-55 所示。

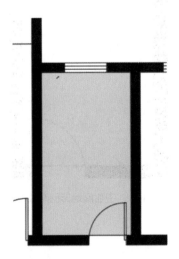

图 3-55 填充卫生间地面

【步骤2】执行"图层"→"图层样式"→"图案叠加"命令，打开"图层样式"对话框，选择前面自定义的"卫生间地砖"图案，设置"缩放"比例为 50%，如图 3-56 所示。

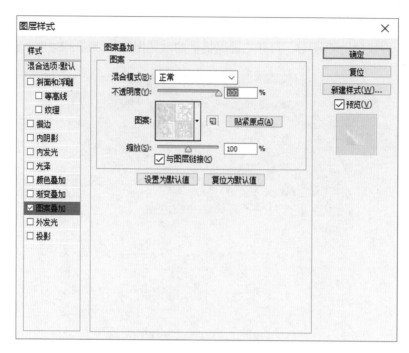

图 3-56　图案叠加参数设置

【步骤 3】添加的卫生间地砖图案效果如图 3-57 所示。

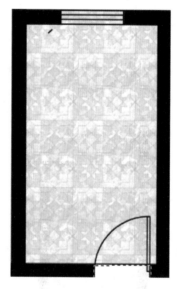

图 3-57　卫生间地砖图案效果

3. 创建厨房地面

厨房地面为"600×600"大小的地砖，制作这类地砖图案时，一种常用的方法是调用前面自定义的"800×800"地砖分割线图案，设置缩放比例为75%，即得到"600×600 地砖"图案效果，如图 3-58 所示。该方法虽然方便快捷，但因为对分割线进行了缩放，会得到模糊的分割线条，影响了整体的美观，因此这里不予推荐。

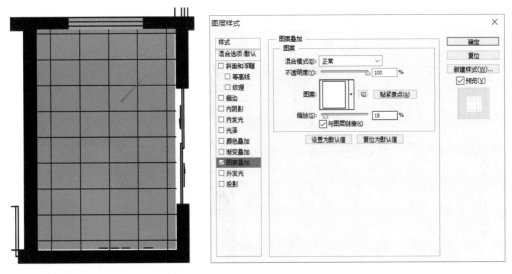

图 3-58　缩放 800×800 的分割线制作 600×600 图案

【步骤 1】使用前面介绍的方法，显示"地面"图层，使用直线工具 ，绘制 600×600 地砖分割线，使用矩形选框定义图案选区，如图 3-59 所示。隐藏"背景"图层，执行"编辑"→"定义图案"命令，创建"600×600 地砖线"图案。

【步骤 2】新建"厨房地面"图层，使用油漆桶工具填充"#cfb9d0"颜色，添加图案叠加图层样式，设置叠加图案为"600×600 地砖线"，即得到如图 3-60 所示的厨房地面效果。

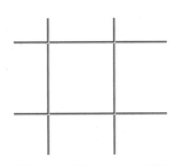

图 3-59　定义 600×600 图案

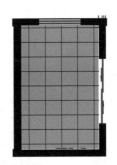

图 3-60　厨房地面效果

3.3.4　室内模块的制作和引用

在现代户型图制作中，为了更生动、形象地表现、区分各个室内空间，以反映将来的装修效果，需要引入与实际生活密切相关的家具模块和装饰。

下面详细介绍如何制作高柜。

【步骤 1】单击"家具"图层左侧的眼睛图标，在图像窗口中显示家具图形。

【步骤 2】新建"衣柜"图层。选择矩形选框工具 ，按 Shift 键选择卧室衣帽间的衣柜区域，如图 3-61 所示。

【步骤 3】设置前景色为"#ffa763"，按快捷键 Alt+Delete 填充选区，按快捷键 Ctrl+D

取消选择，得到如图 3-62 所示的效果。在确定家具颜色时，既要有对比，又要确保整体效果和谐统一。

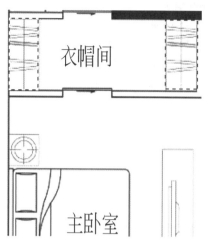

图 3-61　选择衣柜区域

图 3-62　填充选区

至此，立柜家具制作完成。

以同样的方式完成电视柜、电器、沙发和桌椅的制作，如图 3-63 和图 3-64 所示。

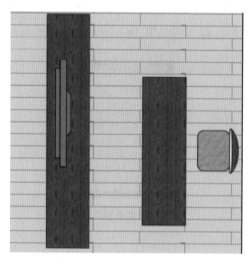

图 3-63　电视柜效果

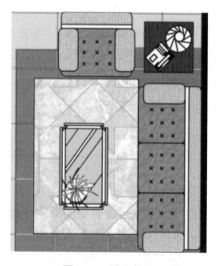

图 3-64　沙发效果

3.3.5　添加绿色植物

网上下载合适的植物图例模块，将其添加至室内各角落位置，如图 3-65 所示，作为户型图的点缀。执行"图层"→"图层样式"→"投影"命令，为植物添加阴影效果，以加强立体感。在复制植物时，应先选择植物，然后按 Alt 键拖动，确保在图层内部复制，以减少 PSD 图像文件大小。

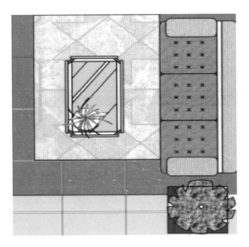

图 3-65 添加植物效果

3.3.6 裁剪图像

选择工具箱中的裁剪工具，在图像窗口中拖动鼠标创建裁剪范围框，然后分别调整各边界的位置，按 Enter 键，应用裁剪，如图 3-66 所示。彩色户型图全部制作完成。

图 3-66 最终效果图

思 考 与 练 习

1. 彩色户型图制作的步骤是什么？

2. 在填充材质时，材质的比例不正确，怎么调整？

3. 虚拟打印为什么输出 EPS 文件？具体步骤是什么？

项目 4　彩色总平面图制作

【学习目标】

知识目标	能力目标	课程思政元素
掌握 CAD 输出平面图	能进行 CAD 文件的转换	培养学生具备一定的美学素养
掌握各种模块的制作与后期处理	能进行彩色总平面图的填色	培养学生的工匠精神

【项目重点】

- 将 CAD 总平面图输出为 EPS 文件。
- 总平面各模块的制作。
- 整体画面期处理。

【项目分析】

在建筑设计专业方案设计中，彩色总平面图是十分重要的一份图纸文件。主要用来展示大型规划设计方案，如屋顶花园、城区规划、住宅小区规划、大型体育场馆等。早期的建筑规划设计图制作较为简单，大都使用喷笔、水彩与水粉等工具手工绘制。随着计算机技术的迅速发展，规划设计图的表现手法日趋成熟、多样，真实的草地、水面、树木图片的引入，使制作完成的彩色总平面图形象生动、效果逼真。

任务实施

任务 4.1　彩色总平面图的制作流程

绘制彩色总平面图主要分为三个阶段，包括 AutoCAD 输出平面图、各种模块的制作和后期合成处理。在 Photoshop 中对平面图进行着色时，应掌握一定的前后次序关系，以最大程度地提高工作效率。

4.1.1　AutoCAD 输出平面图

AutoCAD 输出平面图是整个总平面图制作的基础，因此制作总平面图的第一步就是根据建筑师的设计意图，使用 AutoCAD 软件绘制出整体的布局规划，包括整个规划各组成部分的形状、位置、大小等，这也是保障最终总平面图的精确的关键。有关 AutoCAD 的使用方法，本书不做介绍，读者可参考相关的 AutoCAD 书籍。

绘制完成后，执行"文件"→"打印"命令，使用本书项目 3 中介绍的方法将线框图输出为 EPS 格式的平面图像。

在 AutoCAD
中输出 EPS
文件（总平
面分层处理）

4.1.2　各种模块的制作

总平面图的常见元素包括草地、树木、灌木、房屋、广场、水面、马路、花坛等，掌握了这些元素的制作方法，也就基本掌握了彩色总平面图的制作。这个过程主要由 Photoshop 来完成，使用的工具包括选择、填充、渐变、图案填充等，在制作水面、草地、路面时也会使用到一些图像素材，如大理石纹理、地砖纹理、水面图像等。

4.1.3　后期合成处理

制作完成各素材模块之后，彩色总平面图的大部分工作也就基本完成了，最后便是对整个平面图进行后期的合成处理，如复制树木、制作阴影，加入配景、对草地进行精细加工等，使整个画面和谐、自然。

任务 *4.2*　住宅小区总平面图制作

本任务通过某大型住宅小区实例，讲解使用 Photoshop 制作彩色总平面图的方法、流程和相关技巧，最终完成效果如图 4-1 所示。

4.2.1　在 AutoCAD 中输出 EPS 文件

为了方便 Photoshop 处理，在 AutoCAD 中应分别输出建筑、植物和文字的 EPS 文件，然后在 Photoshop 中进行合成。

- 在最终的彩色总平面图中，这些打印输出的图线将会保留。使用图线的好处是所有的物体可以在图线下面来做，一些没必要做的物体可以少做或不做，可以节省很多时间。
- 物体之间的互相遮挡可以产生一些独特的效果。
- 图线可以遮挡一些物体因选取不准而产生的错位和模糊，使边缘看起来很整齐，使图形看起来整齐、美观。

总平面图

图 4-1　彩色总平面图

接下来按步骤完成 EPS 文件的输出。

【步骤 1】启动 AutoCAD，按快捷键 Ctrl+O，打开"总平面 .dwg"文件，如图 4-2 所示。

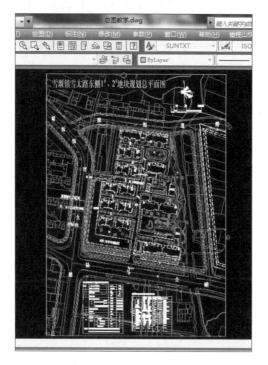

图 4-2　小区 CAD 总平面图

【步骤2】首先将道路层从总平面中分离出来。打开图层特性管理器，将图层前面的黄色"灯泡"全部关闭，单击道路层前面的"灯泡"，打开道路层，如图4-3所示。最后将道路层连外框一起复制到旁边，如图4-4所示。

图4-3 选择图层

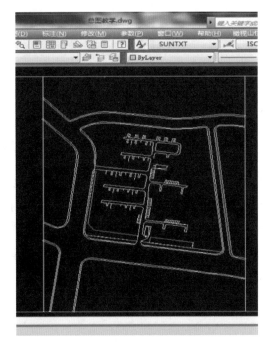

图4-4 复制出来的道路层

【步骤3】按快捷键Ctrl+P，打开"打印"对话框。

【步骤4】在"打印机/绘图仪"的"名称"下拉菜单中选择"Postscript Level 1.pc3"作

为输出设备，在"图纸尺寸"选框中选择"ISO A3（297.00毫米×420.00毫米）"尺寸。

【步骤5】在"打印样式表"下拉列表中，选择acad.ctb样式，然后单击"编辑样式"按钮，打开"打印样式表编辑器"对话框，选择所有颜色打印样式，设置颜色为黑色、实心，如图4-5所示。

图4-5　编辑打印样式

【步骤6】单击"保存并关闭"按钮，退出"打印样式编辑器"对话框，继续设置打印参数，勾选"居中打印"和"布满图纸"选项，这样可以保证打印的图形文件在图纸上居中布满显示，具体参数设置如图4-6所示。

【步骤7】如图4-6所示，选择"窗口"命令，在绘图窗口中分别拾取前面外框矩形的两个角点，指定打印输出的范围，使用acad.ctb颜色打印样式控制打印效果。

【步骤8】单击"确定"按钮，打开"浏览打印文件"对话框，指定打印输出的文件名和保存位置，最后单击"保存"按钮开始打印输出，道路图形即打印输出至指定的文件中。

【步骤9】将除道路以外的图层进行关闭，将道路层单独输出为"道路图层.eps"文件，如图4-7所示。

【步骤10】将除文字以外的图层进行关闭，将文字单独输出为"文字图层.eps"文件，如图4-8所示。

图 4-6　打印参数设置

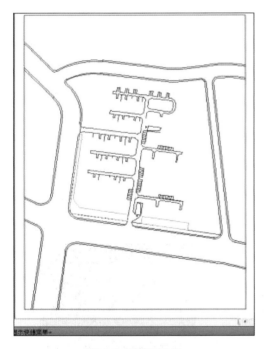

图 4-7　道路层文件

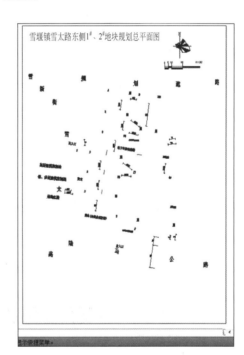

图 4-8　文字层文件

【步骤11】将建筑红线以外的图层进行关闭,将建筑红线层单独输出为"建筑红线层 .eps"文件, 如图 4-9 所示。

【步骤12】将绿化层以外的图层进行关闭, 将绿化层单独输出为"绿化层 .eps"文件, 如图 4-10 所示, 最后将剩余图层分别打出。

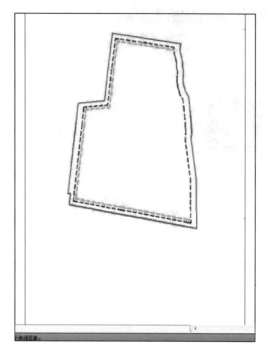

图 4-9　建筑红线层文件

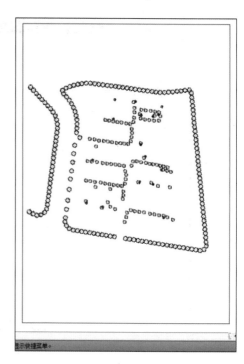

图 4-10　绿化层文件

4.2.2　栅格化 EPS 文件

1. 按顺序栅格化 EPS 文件

运行 Photoshop 软件，按快捷键 Ctrl+O，打开 AutoCAD 打印输出的"道路 -model.eps"图形、"绿化 -model.eps"和"文字 -model.eps"等图形，在打开的"栅格化 EPS 格式"对话框中根据需要设置合适的图像大小和分辨率，如图 4-11 所示。

2. 合并建筑和文字图像

【步骤 1】选择移动工具 ，按 Shift 键分别拖动建筑图层、文字图层和绿化图层移至道路层窗口。重命名新建图层，以便于识别，如图 4-12 所示。

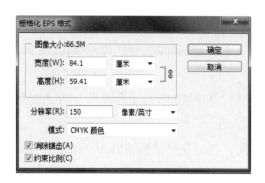

图 4-11　设置栅格化参数

图 4-12　合并各个图层

【步骤 2】按 Ctrl 键单击图层面板■按钮,在当前图层下方新建一个图层。按 D 键恢复前 /
背景色为默认的黑 / 白颜色,按快捷键 Ctrl + Delete 填充白色,得到一个白色背景,以便于
查看线框,如图 4-13 所示。

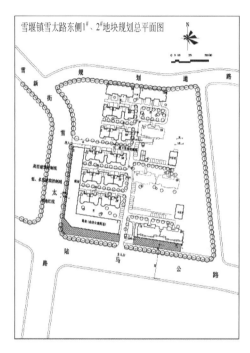

图 4-13　创建背景图层

【步骤 3】选择白色填充图层为当前图层,执行“图层”→“新建”→“背景图层”命令,
将填充图层转换为背景图层。

【步骤 4】按快捷键 Ctrl+S,保存图像为“规划总平面 .psd”。

4.2.3　主要划分层次

在彩色平面图中,最重要的就是道路、绿化区、建筑三个方面的层次划分,将这三个
区域划分之后,后面的处理就显得非常有序,路面为最底层,绿化区居于中间层,建筑线条
最后置于图层顶层,使建筑轮廓看起来清晰明了。

1. 道路填色

【步骤 1】打开“规划总平面 .psd”文件,选择“道路”图层,首先要做的工作就是检
查线稿是否完全闭合。

【步骤 2】单击工具箱中的魔棒工具█,设置参数如图 4-14 所示。

图 4-14　魔棒工具参数

【步骤 3】单击线稿中的道面规划区域,得到选区,然后单击工具箱中的快速蒙版按钮

查看选区，如图 4-15 所示。

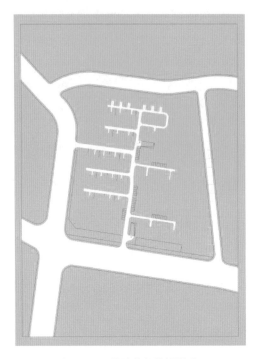

图 4-15　快速蒙版编辑模式

【步骤 4】通过蒙版查看，可以看出路面区域和背景区域是不相通的，此时可以进行道路填色。

　　由于在绘制 CAD 图纸过程中，会出现路面线不闭合的情况，这样导致 Photoshop 中路面区域和背景区域是完全相通的，此时如果直接填充，会导致整幅画面都填满，遇到这种情况有两种办法。第一种办法：回到 CAD 文件中，找到不闭合的地方进行闭合操作，再导入 Photoshop 处理；第二种办法：在 Photoshop 中可以采取线条封闭的方法将马路和背景区域进行分隔。首先退出快速蒙版编辑模式，快捷键为 Q 键，然后新建一个图层，命名为"封闭直线"。再单击工具箱中的直线工具，设置直线的粗细为 1 像素，在需要进行封闭的马路终端，使用直线工具单击马路的两个端点进行连接。

【步骤 5】按 Q 键，退出快速蒙版编辑模式，执行"选择"→"存储选区"命令，将该选区存储为"马路"通道，以便于随时调用该选区。

【步骤 6】新建一个图层，重命名为"道路颜色"，单击前景色色块，打开颜色编辑器，设置前景色为深灰色，色值参考为"#858a8d"，设置背景色为白色。

【步骤 7】按快捷键 Alt+Delete，快速填充前景色，给道路填充一个基本色，如图 4-16 所示。

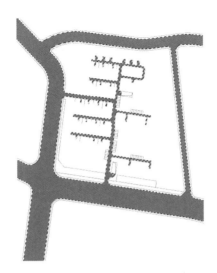

图 4-16　道路颜色填充

2. 绿地填色

在完成了总平面道路的填色后，可以绿地和植物的填色。

【步骤 1】单击工具箱中的魔棒工具，设置参数如图 4-14 所示。

【步骤 2】单击线稿中的绿地规划区域，得到选区，然后单击工具箱中的快速蒙版按钮查看选区。

【步骤 3】按 Q 键，退出快速蒙版编辑模式，执行"选择"→"存储选区"命令，将该选区存储为"马路"通道，以便于随时调用该选区。

【步骤 4】新建一个图层，重命名为"绿地颜色"，单击前景色色块，打开颜色编辑器，设置前景色为深灰色，色值参考为"#c3e284"，设置背景色为白色。

【步骤 5】按快捷键 Alt+Delete，快速填充前景色，给道路填充一个基本色，如图 4-17 所示。

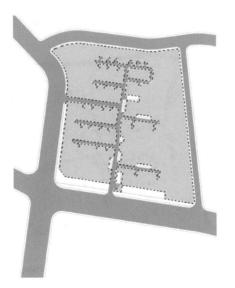

微课：
绿地填色

图 4-17　绿化颜色填充

3. 植物配置

植物配置有两种办法，第一种方法：通过添加图例的办法，将准备好的植物图例加载到文件中，根据不同类型的植物设置要求进行不同植物的配置；第二种方法：将 CAD 植物文件进行填色。本项目主要介绍第二种填色方法。

【步骤 1】将所有图层关闭，仅打开绿化层和背景层。

【步骤 2】单击工具箱中的魔棒工具，设置参数如图 4-14 所示。

【步骤 3】在任意位置单击，执行"选择"→"反向"命令，这时植物就已经全部选择成功了。然后单击工具箱中的快速蒙版按钮查看选区，如图 4-18 所示。

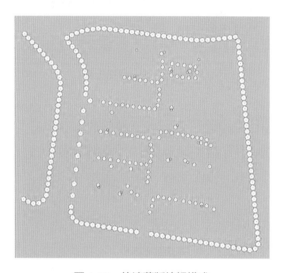

图 4-18 快速蒙版编辑模式

【步骤 4】新建一个图层，重命名为"植物颜色"，单击前景色色块，打开颜色编辑器，设置前景色为深绿色，色值参考为"#34561a"，设置背景色为白色。

【步骤 5】按快捷键 Alt+Delete，快速填充前景色，给植物填充一个基本色，如图 4-19 所示。

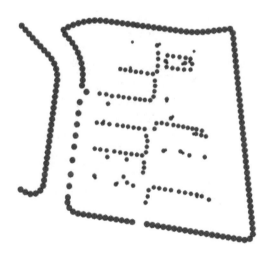

图 4-19 植物填色

【步骤6】添加植物阴影。双击植物颜色图层中的图层缩率图⊡按钮，对图层样式设置参数如图4-20所示，得到植物填色的最终效果，如图4-21所示。

图 4-20　图层样式参数设置　　　　　　　　图 4-21　植物阴影的添加

4. 建筑填色

在制作屋顶之前，首先要假设光线的方向，这样才可以确定屋顶的亮面和暗面，假设光线是从南面射过来的，那么相应的暗面就在北边。确定了光线的方向，做起来就不难了。

【步骤1】将所有图层关闭，仅打开建筑层和背景层。

【步骤2】单击工具箱中的魔棒工具，在建筑图层中单击建筑线框，选择所有的建筑，如图4-22所示。

微课：
建筑填色

【步骤3】新建一个图层，重命名为"建筑颜色"，单击前景色色块，打开颜色编辑器，住宅的颜色设置前景色为浅黄色，色值参考为"#f6e7be"；商业的颜色设置前景色为深黄色，色值参考为"#eda745"，设置背景色为白色。

【步骤4】按快捷键Alt+Delete，快速填充前景色，给建筑填充一个基本色，如图4-23所示。

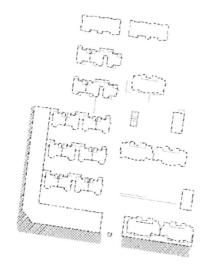

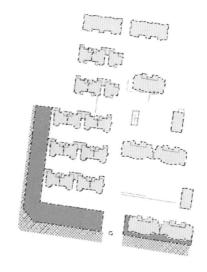

图 4-22　建筑图层的选择　　　　　　　　图 4-23　建筑颜色填充

【步骤5】添加建筑阴影。建筑阴影的设置有两种办法。第一种方法：双击建筑颜色图层中的图层缩率图按钮，然后进行参数设置。这种方法和植物阴影的设置效果一样，但是效果和真实的阴影不符，因此可以采用第二种方法：新建一个图层，重命名为"建筑阴影"，单击前景色色块，打开颜色编辑器,颜色设置前景色为灰色，色值参考为"#72716f"，如图4-24所示，这里要注意，必须把"建筑阴影"层下移到"建筑颜色"层下面。按 Ctrl 键，同时单击"建筑阴影"图层，此时图层都被选中。单击工具箱中的选择工具，按 Alt+ 向左键 + 向上键，反复多次就能得到真实的阴影，如图 4-25 所示。

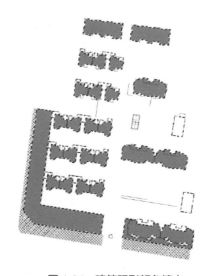

图 4-24   建筑阴影颜色填充

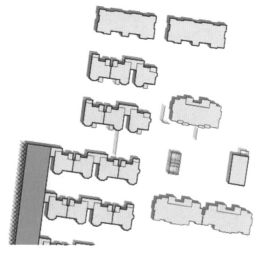

图 4-25   建筑阴影创建效果

5. 其他细节颜色填充

到此总平面最重要颜色填充完毕，还有一些细节，例如，水面制作、铺地制作和植物配置等，读者可以根据之前所学的知识进行填色。

4.2.4 裁剪图像

选择工具箱中的裁剪工具 ，在图像窗口中拖动鼠标创建裁剪范围框，然后分别调整各边界的位置，按 Enter 键，应用裁剪，如图 4-26 所示，彩色总平面图全部制作完成。

图 4-26 最终效果图

 思考与练习

1. 彩色总平面图的制作步骤是什么？

2. 在不同图层填色过程中，采用快速蒙版编辑模式的作用是什么？

3. 建筑阴影有哪几种制作方式？不同方式的制作步骤是什么？

附录　Photoshop CS6 快捷键

所谓的快捷键，是 Photoshop 为了提高绘图速度定义的快捷方式，用一个或几个简单的字母来代替常用的命令，使我们不用去记忆众多的长长的命令，也不必为了执行一个命令，在菜单和工具栏上寻找很长时间。

1. 工具栏操作快捷键

命　　令	快捷键
矩形、椭圆选框对象	M
裁剪对象	C
移动对象	V
套索、多边形套索、磁性套索	L
魔棒对象	W
喷枪对象	J
画笔对象	B
橡皮图章、图案图章	S
历史记录画笔工具	Y
橡皮擦对象	E
铅笔、直线对象	N
模糊、锐化、涂抹对象	R
减淡、加深、海绵对象	O
钢笔、自由钢笔、磁性钢笔	P
添加锚点对象	+
删除锚点对象	–
直接选取工具	A
文字、文字蒙版、直排文字、直排文字蒙版	T
度量工具	U
直线渐变、径向渐变、对称渐变、角度渐变、菱形渐变	G

续表

命　　令	快捷键
油漆桶工具	K
吸管、颜色取样器	I
抓手工具	H
缩放工具	Z
默认前景色和背景色	D
切换前景色和背景色	X
切换标准模式和快速蒙版模式	Q
标准屏幕模式、带有菜单栏的全屏模式、全屏模式	F
临时使用移动对象	Ctrl
临时使用吸色工具	Alt
临时使用抓手对象	空格
打开工具选项面板	Enter
快速输入工具选项（当前工具选项面板中至少有一个可调节数字）	0 ~ 9
循环选择画笔	[或]
选择第一个画笔	Shift + [
选择最后一个画笔	Shift +]
建立新渐变（在"渐变编辑器"中）	Ctrl + N

2. 面板显示快捷键

命　　令	快捷键
帮助	F1
剪切	F2
拷贝	F3
粘贴	F4
隐蔽 / 显示画笔面板	F5
隐蔽 / 显示色彩面板	F6
隐蔽 / 显示图层面板	F7
隐蔽 / 显示信息面板	F8
隐蔽 / 显示动作面板	F9

续表

命　　令	快捷键
恢复	F12
填充	Shift + F5
羽化	Shift + F6
选择→反选	Shift + F7
隐藏选定区域	Ctrl + H
取消选定区域	Ctrl + D
关闭文件	Ctrl + W
退出 Photoshop	Ctrl + Q
取消操作	Esc

3. 文件操作快捷键

命　　令	快　捷　键
新建图形文件	Ctrl + N
用默认设置创建新文件	Ctrl + Alt + N
打开已有的图像	Ctrl + O
打开为 ...	Ctrl + Alt + O
关闭当前图像	Ctrl + W
保存当前图像	Ctrl + S
另存为 ...	Ctrl + Shift + S
存储副本	Ctrl + Alt + S
页面设置	Ctrl + Shift + P
打印	Ctrl + P
打开"预置"对话框	Ctrl + K
显示最后一次显示的"预置"对话框	Alt + Ctrl + K
设置"常规"选项（在"预置"对话框中）	Ctrl + 1
设置"存储文件"（在"预置"对话框中）	Ctrl + 2
设置"显示和光标"（在"预置"对话框中）	Ctrl + 3
设置"透明区域与色域"（在"预置"对话框中）	Ctrl + 4
设置"单位与标尺"（在"预置"对话框中）	Ctrl + 5

续表

命　令	快　捷　键
设置"参考线与网格"（在"预置"对话框中）	Ctrl + 6
外发光效果（在"效果"对话框中）	Ctrl + 3
内发光效果（在"效果"对话框中）	Ctrl + 4
斜面和浮雕效果（在"效果"对话框中）	Ctrl + 5
应用当前所选效果并使参数可调（在"效果"对话框中）	A

4. 编辑操作快捷键

命　令	快　捷　键
还原 / 重做前一步操作	Ctrl + Z
还原两步以上操作	Ctrl + Alt + Z
重做两步以上操作	Ctrl + Shift + Z
剪切选取的图像或路径	Ctrl + X 或 F2
拷贝选取的图像或路径	Ctrl + C
合并拷贝	Ctrl + Shift + C
将剪贴板的内容粘到当前图形中	Ctrl + V 或 F4
将剪贴板的内容粘到选框中	Ctrl + Shift + V
自由变换	Ctrl + T
应用自由变换（在自由变换模式下）	Enter
从中心或对称点开始变换（在自由变换模式下）	Alt
限制（在自由变换模式下）	Shift
扭曲（在自由变换模式下）	Ctrl
取消变形（在自由变换模式下）	Esc
自由变换复制的像素数据	Ctrl + Shift + T
再次变换复制的像素数据并建立一个副本	Ctrl + Shift + Alt + T
删除选框中的图案或选取的路径	Del
用背景色填充所选区域或整个图层	Ctrl + Backspace 或 Ctrl + Del
用前景色填充所选区域或整个图层	Alt + Backspace 或 Alt + Del
弹出"填充"对话框	Shift + Backspace
从历史记载中填充	Alt + Ctrl + Backspace

5. 图层混合命令快捷键

命　　令	快　捷　键
循环选择混合模式	shift + − 或 +
正常	Shift + Alt + N
溶解	Shift + Alt + I
变暗	Shift + Alt + K
正片叠底	Shift + Alt + M
颜色加深	Shift + Alt + B
线性加深	Shift + Alt + A
变亮	Shift + Alt + G
滤色	Shift + Alt + S
颜色减淡	Shift + Alt + D
线性减淡	Shift + Alt + W
叠加	Shift + Alt + O
柔光	Shift + Alt + F
强光	Shift + Alt + H
亮光	Shift + Alt + V
线性光	Shift + Alt + J
点光	Shift + Alt + Z
实色混合	Shift + Alt + L
差值	Shift + Alt + E
排除	Shift + Alt + X
色相	Shift + Alt + U
饱和度	Shift + Alt + T
颜色	Shift + Alt + C
明度	Shift + Alt + Y
阈值（位图模式）	Shift + Alt + L
背后	Shift + Alt + Q
清除	Shift + Alt + R
加色	海绵工具 + Shift + Alt + A
暗调	减淡 / 加深工具 + Shift + Alt + W
中间调	减淡 / 加深工具 + Shift + Alt + V
高光	减淡 / 加深工具 + Shift + Alt + Z
去色	海绵工具 + Shift + Alt + J

6. 选择功能命令快捷键

命 令	快 捷 键
全部选取	Ctrl + A
取消选择	Ctrl + D
重新选择	Ctrl + Shift + D
羽化选择	Ctrl + Alt + D
反向选择	Ctrl + Shift + I
路径变选区 数字键盘的	Enter
载入选区	Ctrl + 单击图层、路径、通道面板中的缩约图

7. 图层操作命令快捷键

命 令	快 捷 键
从对话框新建一个图层	Ctrl + Shift + N
以默认选项建立一个新的图层	Ctrl + Alt + Shift + N
通过拷贝建立一个图层	Ctrl + J
通过剪切建立一个图层	Ctrl + Shift + J
与前一图层编组	Ctrl + G
取消编组	Ctrl + Shift + G
向下合并或合并连接图层	Ctrl + E
合并可见图层	Ctrl + Shift + E
盖印或盖印连接图层	Ctrl + Alt + E
盖印可见图层	Ctrl + Alt + Shift + E
将当前层下移一层	Ctrl + [
将当前层上移一层	Ctrl +]
将当前层移到最下面	Ctrl + Shift + [
将当前层移到最上面	Ctrl + Shift +]
激活下一个图层	Alt + [
激活上一个图层	Alt +]
激活底部图层	Shift + Alt + [
激活顶部图层	Shift + Alt +]
调整当前图层的透明度（当前工具为无数字参数的，如移动工具）	0 ～ 9
保存当前图层的透明区域（开关）	/

8. 图像调整命令快捷键

命　　令	快　捷　键
调整色阶	Ctrl + L
自动调整色阶	Ctrl + Shift + L
打开曲线调整对话框	Ctrl + M
打开"色彩均衡"对话框	Ctrl + B
打开"色相 / 饱和度"对话框	Ctrl + U
选择黑色通道	Ctrl + ~

参 考 文 献

[1] 麓山文化 . 精雕细琢——中文版 Photoshop 2020 建筑表现技法 [M]. 北京：机械工业出版社，2021.

[2] 陈志民 . 精雕细琢——中文版 Photoshop CC 建筑表现技法 [M]. 北京：机械工业出版社，2014.

[3] 王梅君 . Photoshop 建筑效果图后期处理技法精讲 [M]. 4 版 . 北京：中国铁道出版社，2019.

[4] 李峰 . Photoshop CS3 建筑效果图后期处理 [M]. 北京：电子工业出版社，2007.

[5] 石利平 . 中文版 Photoshop CS6 图形图像处理案例教程 [M]. 北京：中国水利水电出版社，2015.